电力电子新技术系列图书

# 三端口直流变换器

吴红飞 孙 凯 胡海兵 邢 岩 著

机 械 工 业 出 版 社

本书系统地阐述了以三端口直流变换器为代表的复杂功率接口变换器电路拓扑结构系统衍生方法、典型电路工作原理、调制策略、能量管理、分布式模块化系统控制方法等，并以航天器供电系统、功率解耦型微型并网逆变器、分布式光伏直流并网等应用场景为例探讨三端口变换器的应用技术。

全书共 10 章，除第 1 章绪论外，其余各章主要分为两大部分：

第一部分为第 2~7 章，重点讨论三端口变换器拓扑的系统构造方法以及非隔离、隔离半桥、隔离全桥等三端口变换器工作原理、能量管理等设计实现关键技术。

第二部分为第 8~10 章，重点讨论三端口变换器在航天器供电、光伏发电系统等典型场景中的应用技术。

本书适合从事航天器电源系统、新能源供电系统、混合储能系统、电动汽车等领域的工程技术人员，以及电气工程相关专业本科生、研究生阅读参考。

**图书在版编目（CIP）数据**

三端口直流变换器/吴红飞等著. —北京：机械工业出版社，2020.8
（2023.1 重印）

（电力电子新技术系列图书）

ISBN 978-7-111-65823-8

Ⅰ.①三… Ⅱ.①吴… Ⅲ.①变换器 Ⅳ.①TN624

中国版本图书馆 CIP 数据核字（2020）第 099100 号

机械工业出版社（北京市百万庄大街 22 号　邮政编码 100037）

策划编辑：罗　莉　责任编辑：罗　莉
责任校对：李　杉　封面设计：马精明
责任印制：单爱军

北京虎彩文化传播有限公司印刷

2023 年 1 月第 1 版第 3 次印刷

169mm×239mm · 14 印张 · 288 千字

标准书号：ISBN 978-7-111-65823-8

定价：88.00 元

电话服务　　　　　　　　网络服务

客服电话：010-88361066　机 工 官 网：www.cmpbook.com
　　　　　010-88379833　机 工 官 博：weibo.com/cmp1952
　　　　　010-68326294　金 书 网：www.golden-book.com

**封底无防伪标均为盗版**　机工教育服务网：www.cmpedu.com

# 第3届
# 电力电子新技术系列图书
## 编 辑 委 员 会

# 电力电子新技术系列图书
# 序　　言

1974 年美国学者 W. Newell 提出了电力电子技术学科的定义，电力电子技术是由电气工程、电子科学与技术和控制理论三个学科交叉而形成的。电力电子技术是依靠电力半导体器件实现电能的高效率利用，以及对电机运动进行控制的一门学科。电力电子技术是现代社会的支撑科学技术，几乎应用于科技、生产、生活各个领域：电气化、汽车、飞机、自来水供水系统、电子技术、无线电与电视、农业机械化、计算机、电话、空调与制冷、高速公路、航天、互联网、成像技术、家电、保健科技、石化、激光与光纤、核能利用、新材料制造等。电力电子技术在推动科学技术和经济的发展中发挥着越来越重要的作用。进入 21 世纪，电力电子技术在节能减排方面发挥着重要的作用，它在新能源和智能电网、直流输电、电动汽车、高速铁路中发挥核心的作用。电力电子技术的应用从用电，已扩展至发电、输电、配电等领域。电力电子技术诞生近半个世纪以来，也给人们的生活带来了巨大的影响。

目前，电力电子技术仍以迅猛的速度发展着，电力半导体器件性能不断提高，并出现了碳化硅、氮化镓等宽禁带电力半导体器件，新的技术和应用不断涌现，其应用范围也在不断扩展。不论在全世界还是在我国，电力电子技术都已造就了一个很大的产业群。与之相应，从事电力电子技术领域的工程技术和科研人员的数量与日俱增。因此，组织出版有关电力电子新技术及其应用的系列图书，以供广大从事电力电子技术的工程师和高等学校教师和研究生在工程实践中使用和参考，促进电力电子技术及应用知识的普及。

在 20 世纪 80 年代，电力电子学会曾和机械工业出版社合作，出版过一套"电力电子技术丛书"，那套丛书对推动电力电子技术的发展起过积极的作用。最近，电力电子学会经过认真考虑，认为有必要以"电力电子新技术系列图书"的名义出版一系列著作。为此，成立了专门的编辑委员会，负责确定书目、组稿和审稿，向机械工业出版社推荐，仍由机械工业出版社出版。

本系列图书有如下特色：

本系列图书属专题论著性质，选题新颖，力求反映电力电子技术的新成就和新经验，以适应我国经济迅速发展的需要。

理论联系实际，以应用技术为主。

本系列图书组稿和评审过程严格，作者都是在电力电子技术第一线工作的专家，且有丰富的写作经验。内容力求深入浅出，条理清晰，语言通俗，文笔流畅，便于阅读学习。

本系列图书编委会中，既有一大批国内资深的电力电子专家，也有不少已崭露头角的青年学者，其组成人员在国内具有较强的代表性。

希望广大读者对本系列图书的编辑、出版和发行给予支持和帮助，并欢迎对其中的问题和错误给予批评指正。

电力电子新技术系列图书

编辑委员会

# 前　言

PREFACE

　　三端口直流变换器是能够同时提供输入端口、输出端口和双向端口的一类集成多功率端口直流变换器。它能够同时完成输入源、用电负载和储能元件三者之间的功率变换与能量管理，仅通过一个变换器即实现了多个传统两端口变换器的功能。更重要的是，它能够实现输入、输出和储能任意两者之间的单级功率变换，相比于传统多个两端口变换器组合构成的解决方案，具有系统效率高、功率密度高、体积小、成本低等优势，在航天器供电系统、新能源并网/独立供电系统、混合储能系统、电动汽车等发电-储能联合供电系统、多源互补供电系统等领域具有广泛的应用前景。

　　作者在研究工作中注意到，由太阳能电池阵等一次能源、储能蓄电池和在轨载荷构成的航天器电源系统，是一类典型的独立新能源供电系统。为了减轻航天器重量、提高有效载荷比，航天器对其供电系统的轻量化、集成化和高效化有更加迫切的需求。如何实现航天器电源系统减重、增效，是高性能航天电源系统不断追求的目标。传统航天器电源系统通常配备太阳能光伏控制器、蓄电池充电控制器、蓄电池放电控制器等多套电源装置，以实现太阳能电池阵、蓄电池和载荷（一次电源母线）的能量管理与电能变换。是否能够将太阳能光伏控制器、蓄电池充电控制器、放电控制器等多个直流变换器进一步集成，以达到电源系统减重、增效的目的？以此为目标，我们从最基本的非隔离 PWM 变换器出发，提出了一些新型的集成三端口变换器电路结构，并进行了具体的分析、设计和实验研究，实验结果证明了我们初步想法的可行性，也证明了"系统集成"的解决思路能够有效改善电源系统能效。随着研究的深入，我们注意到集成三端口直流变换器由于具有更多的功率端口、更高的控制自由度，其分析、设计与实现也较传统两端口变换器复杂。电路拓扑是进一步开展分析、设计和实现技术研究的基础，因此，系统地研究和揭示三端口直流变换器拓扑之间的内在联系和本质规律，形成一般性拓扑衍生方法和应用技术，是十分必要的。我们开展了持续深入的工作，研究此类集成三端口直流变换器拓扑系统衍生方法，从理论上揭示该类集成多端口电力电子变换器拓扑构成的内在规律，并以此探索和发现一系列新型高性能、高效率、高功率密度、有实际应用价值的电路拓扑结构。历经多年研究，我们在理论方法方面取得了一些突破，从功率流传输和功率控制的角度分析、认识和理解了三端口变换器电路构成的内在机理，归纳总结出其中的一般性规律，揭示了三端口变换器与两端口变换器的内在联系，搭建了由两端口变换器向三端口变换器转化的桥梁，形成基于功率流分析和重构的三端口直流变换器拓扑的一般性衍生构造方法。理论方法方面的研究成果也得到了国内外同行的认可，获得了教育部自然科学二等奖、江苏省优秀博士学位论文、南京市自然科学优秀学术论文奖等奖励。

通过基础理论、方法和关键技术研究的多年积累，我们面向航天器供电、电动汽车、新能源发电等系统开展了一系列应用研究，特别是与中国空间技术研究院、上海航天技术研究院等单位合作开展了基于集成三端口变换器的空间直流分布式供电系统研究，充分表明了所取得的研究成果具有较好的实用价值。基于持续研究所取得的研究成果，我们在国内外重要期刊和国际会议上发表了一系列论文。鉴于这些论文散落于各种期刊和会议论文集中，我们决定将它们整理成书，全面系统地阐述基于功率流分析和重构的三端口直流变换器拓扑系统衍生构造方法，以及典型电路的分析、控制、设计与实现关键技术。

本书是基于我们研究团队的研究成果整理而成的，其中博士生张君君、陆杨军，硕士生周子胡、曹锋、秦晓晴、牟恬恬、董晓锋等对本书内容做出了重要贡献。本书的编写工作主要由团队成员吴红飞、孙凯、胡海兵和邢岩完成。

本书相关研究工作得到了国家自然科学基金面上项目"三端口直流变换器拓扑理论及应用关键技术研究"（批准号 51377083）、国家自然科学基金青年项目"宽增益范围有源整流式隔离升降压变换方法及关键技术"（批准号 51407092）、江苏省自然科学基金面上项目"新能源系统中高能效、低成本的三端口变换器基础研究"（批准号 BK2012794）、上海航天科技创新基金重点项目"航天器高效高密度"源-载-储"集成式多端口供电系统关键技术研究"（批准号 SAST2017 - 131）等资助，在此一并表示衷心感谢！

本书出版之际，特别感谢机械工业出版社编辑为本书所做出的辛勤工作。鉴于作者水平和时间所限，不妥之处在所难免，欢迎读者批评指正。

作者

# 目 录

CONTENTS

# 第1章 绪论

半个多世纪以来，电力电子技术被广泛应用于发电、储电、输电和用电的各个领域，对国防事业、国民经济和社会发展均起到了巨大的促进作用。而高质量电能变换需求的迅猛扩张也推动着电力电子学理论、方法和技术的进步。例如，快速发展的航天技术对航天器的能源保障系统不断提出新的挑战，迫切需要研究新型功率变换器拓扑和系统架构，改善变换效率从而大幅提高能源利用率，优化光伏板及蓄电池配置，从根本上减小供电系统体积重量，并提升供电系统的可靠性和可维护性等。再如，能源短缺与环境保护之间的矛盾日益严峻，各国投入大量精力研究和开发新型可再生能源发电及其电能高效利用技术，促生了诸如智能微电网、绿色建筑、电动汽车、多电飞机/舰船、风光互补 LED 照明等诸多新兴研究和应用领域，这些系统中通常配置储能电池、超级电容等，以解决新能源发电功率的不可预测性与用电功率平稳性之间的矛盾，或者解决高效率平稳发电与用电功率波动的矛盾。这些功率变换系统连接多个功率输入源、负载输出和储能双向（充电/放电）单元，已经突破了传统的输入-输出两端口功率变换结构形式。因此，研究复杂三端口乃至多端口变换器的拓扑衍生方法和运行控制技术，对于为现代航天电源系统等新能源独立供电系统和新能源微网系统等新兴应用提供理论基础和关键技术解决方案，丰富和发展电力电子学有重要意义。

## 1.1 三端口变换器发展背景

电力电子变换器（简称变换器）是实现电能变换与控制的核心，其基本功能是将输入源的电压、电流、频率、相位、功率等电气量与输出负载侧的需求相匹配。传统变换器是典型的一端输入、一端输出的两端口变换器，如图 1-1 所示。变换器稳态运行时，输入功率等于输出功率，因此两端口变换器只能对输入、输出两个端口中的某一个端口功率进行调控，另外一个端口的功率自动跟随被控端口的功率变化。

按照输入输出端口功率匹配的方式，两端口变换器可以分为两类。

（1）负载功率匹配型：输入源能够提供负载所需的任意大小的功率，变换器所处理的功率完全由负载侧需求决定。例如，以电

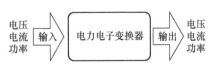

图 1-1 两端口电力电子变换器

网为输入向各类用电负载供电的变换器通常为负载功率匹配型变换器。

（2）输入源功率匹配型：负载能够接受输入源提供的任意大小的功率，变换器所处理的功率完全由输入源的供电能力决定。例如，将光伏、风机等新能源发电装置与大电网相连的并网逆变器，就是典型的输入源功率匹配型变换器。

上述两种类型的变换器中，只需要对其中一个端口的功率进行调控，因此，传统两端口变换器能够完全满足电能变换与功率控制的需求。然而，随着航空航天、电动汽车以及各类新能源供电系统的飞速发展，以及基于更高效率、更高可靠性、更高稳定性供电与电能变换的应用需求，出现了大量输入源与用电负载功率无法实时匹配且需要同时调控的应用场景，此时单个两端口变换器已无法满足系统功率变换与控制的需求。当输入源与输出负载功率无法实时匹配时，必须引入蓄电池、大容量电容等储能环节，以吸收输入源多余的发电功率或补充负载所需的不足功率。由此形成了由输入源、输出负载和双向储能环节共同构成的三端口功率系统。

典型的三端口功率系统如下：

1. 航天器供电系统——独立新能源供电系统

航天器供电系统是典型的独立新能源供电系统[1]。以采用太阳能作为一次能源的航天器供电系统为例，其系统结构如图1-2所示。系统由供电子系统和电源分配-变换子系统组成。前者由光伏一次电源、储能电源和功率调节单元构成，其任务是提供可靠、稳定的一次电源母线电压；后者经多个直流变换器（DC - DC）实现不同负载的用电需求。

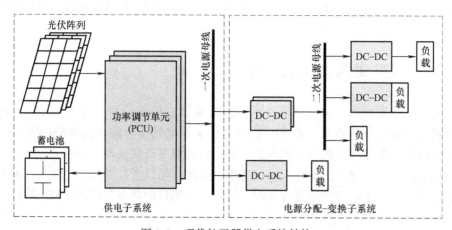

图1-2　现代航天器供电系统结构

如果将挂接在一次电源母线上的各种变换器/负载视为广义负载，则图1-2所示的航天器供电系统可以等效为一个由太阳能光伏电池、蓄电池和用电负载构成的三端口功率变换系统，如图1-3所示，图中三个端口分别为输入端口、中间双向端口和输出端口，分别连接一次主电源、蓄电池和负载，各端口功率流向如图中箭头所示。太阳能光伏电池为发电装置并作为整个供电系统的主电源，蓄电池在航天器处于光照强烈的阳照区时储存多余电能，在光照较弱或者无光照的地影区时释放能量，从而提供稳定的一次电源母线。

### 2. 带有储能环节的新能源并网发电系统

光伏等新能源发电系统渗透率不断增长，已经成为现代电网发展的重要趋势。新能源发电系统输出功率具有明显的间歇性和波动性。为了消除新能源发电大规模接入电力系统对电网的冲击和负面影响，需要在各类新能源供电系统中接入储能系统，这将对整个系统的稳定控制、电能质量的改善和不间断供电发挥重要作用。带有储能环节的新能源并网发电系统结构如图1-4所示[2]，图

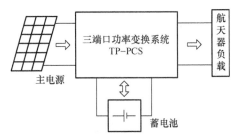

图1-3　航天器电源等效三端口功率变换系统

中的光伏电池、储能蓄电池以及逆变器输入侧直流母线构成了三端口功率系统；通过在并网发电系统中引入储能环节，实现了并网功率的灵活管理，减少了发电侧与电网的能量交互，从而减少了新能源输出功率随机波动对电网的影响，并提高了整个系统的能量效率。

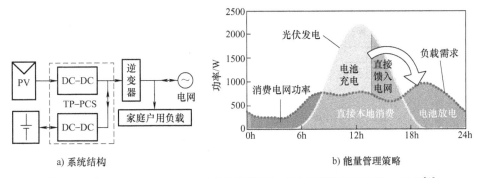

a) 系统结构　　　　　　　　　　　b) 能量管理策略

图1-4　基于Self-Consumption（自给性消耗）理念的新能源并网发电系统[2]

### 3. 带有功率解耦环节的单相交直流变换系统

单相整流和逆变系统中，交流侧功率以两倍电网电压频率波动。为了减小两倍频功率脉动对直流侧的影响、提供稳定的直流母线电压，需要在直流母线侧引入大容量的电解电容，以实现交流侧两倍频脉动功率与直流侧功率的解耦。然而电解电容是决定交直流功率变换器体积、重量、可靠性和寿命的薄弱环节。为了解决该问题，可以引入功率解耦环节。以微型逆变器和LED照明为例，采用薄膜电容作为双向功率解耦端口，从而实现直流输入（或输出）功率与两倍电网频率脉动输出（或输入）功率的解耦，避免了由于使用电解电容而造成的寿命和可靠性下降问题。系统中的直流（或交流）输入端、交流（或直流）输出端与双向功率解耦电

容端共同形成三端口功率系统，如图1-5所示。

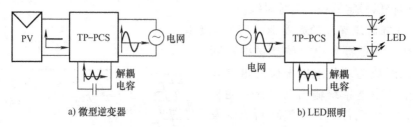

a) 微型逆变器    b) LED照明

图1-5    功率解耦型微型逆变器和LED照明系统

4. 光储一体分布式供电系统

将分布式发电与分布式储能技术相结合，实现本地负载就近供电，可以有效避免采用集中式储能系统带来的线路损耗大、母线电压跌落大等问题。分布式发电、储能和负载装置将形成图1-6所示的由多个三端口功率系统组合而成的分布式供电系统架构。

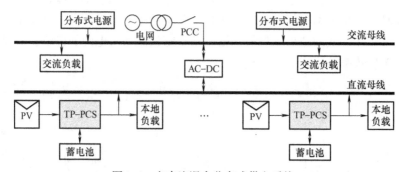

图1-6    交直流混合分布式供电系统

除了上述列举的系统以外，三端口功率系统还广泛存在于电动汽车供电系统、混合储能系统、分布式直流接入系统等。在三端口功率系统中，由于需要同时对多个端口的功率进行调控，系统中的功率流也更加复杂，单个传统两端口变换器显然已不能胜任功率变换与控制的需求。采用多个两端口变换器虽然也能满足三端口功率系统电能变换与控制的需求，但会带来诸如多级功率变换、系统效率低、体积重量大等问题。三端口变换器正是为了应对上述挑战而被提出的。

# 1.2    三端口系统功率变换

以航天器供电系统为例，包含发电源、蓄电池和负载的三端口功率系统需要实现以下功能：①发电源输出功率最大化，即光伏电池连接的输入端需要实现最大功率点跟踪（Maximum Power Point Tracking，MPPT）控制；②蓄电池安全充放电管理，即双向端稳压限流、稳流限压、涓流调节等与蓄电池特性相匹配的充放电控制；③负载的可靠稳定供电，即输出端的恒压、恒流或恒功率控制。

为了实现上述功能，需要将多个两端口变换器组合，有四种可能的方式，如图 1-7 所示[3-5]。方式 1 采用三个单向直流变换器构成，光伏（Photovoltaic，PV）PV、蓄电池和负载任意两者之间可以实现单级功率变换，系统变换效率高，但变换器数量多且分时工作，部件利用率低、功率密度低，不利于系统的体积、重量和成本降低。方式 2 采用两个单向直流变换器，较方式 1 省去了一个变换器，但 PV 和负载之间为两级功率变换，降低了系统效率。方式 3 和方式 4 均由一个单向直流变换器和一个双向直流变换器构成，但蓄电池与负载之间或 PV 与蓄电池之间仍需要经过两级功率变换。四种方案都能够实现光伏电池最大功率点跟踪控制、蓄电池充放电控制及稳定的母线电压控制，但存在多级功率变换、系统体积重量大等共性问题。另外，图中各个变换器的调制控制各自独立，有时需要借助通信系统辅助配合才能实现系统的控制和能量管理，不利于系统动态性能和稳定性的提高。

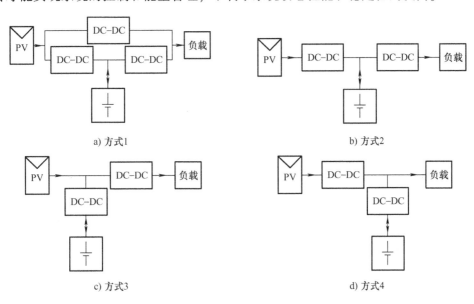

a) 方式1        b) 方式2

c) 方式3        d) 方式4

图 1-7　传统 TP-PCS 的典型系统架构

如果采用能够同时提供输入、输出和双向端口的三端口变换器（Three-Port Converter，TPC），则仅需要一个变换器即可同时实现上述多个变换器的功能。采用 TPC 的航天器供电系统如图 1-8 所示。相对于采用多个独立的两端口变换器组合的解决方案，采用 TPC 的突出优点在于[6-8]：采用一个集成的变换器同

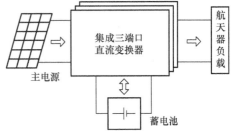

图 1-8　采用集成三端口变换器的
航天器供电系统

时实现了光伏电池 MPPT、一次电源母线电压以及蓄电池充放电控制；太阳能电池、蓄电池和一次母线中任意两个端口之间均为单级功率变换，系统变换效率高；TPC 同时集成了多个两端口变换器的功能，变换器器件利用率高、功率密度高；易于实现整个系统统一的功率控制和能量管理，控制性能好，能量管理效率高。此外，将 TPC 作为航天器供电系统的基本构成模块，通过多个 TPC 的交错并联或者分布式并联，构建模块化、分布式、易于扩展的航天器供电系统，同时实现供电系统的 "$N+1$" 或 "$N+X$" 冗余备份，能够有效提高整个供电系统的可靠性。

基于上述简要分析，集成 TPC 解决方案和传统多个两端口变换器解决方案的对比见表 1-1[6]。

表 1-1　三端口功率系统解决方案对比

| 解　决　方　案 | 多个两端口变换器 | 三端口变换器 |
|---|---|---|
| 功率变换级数 | >1 | 单级 |
| 变换器数量 | 多 | 少 |
| 集成度 | 低 | 高 |
| 公共直流母线 | 是 | 否 |
| 控制策略 | 分散控制 | 集中控制 |
| 系统体积重量 | 大 | 小 |

# 1.3　三端口变换器拓扑构成方法

TPC 以其所特有的高功率密度、高效率、高集成度等优势而得到关注，国内外学者陆续提出了各种 TPC 电路结构，然而，已有的研究多是面向特定应用场合下的特定电路拓扑展开的，所给出的电路拓扑也相对孤立，并未体现出该类拓扑结构之间内在的必然联系和一般性的构成规律。按照端口之间的隔离方式，可以将 TPC 拓扑分为非隔离、部分隔离和全隔离三类。非隔离 TPC 的任意两个端口之间均无电气隔离。部分隔离 TPC 中的两个端口之间无电气隔离，而第三个端口与这两个端口之间则为隔离变换，全隔离 TPC 则任意两端口之间均为电气隔离。就拓扑形式、特点和构成方法而言，隔离型 TPC 拓扑通常采用多绕组变压器耦合的方式构成，其构成方式相对单一，非隔离型和部分隔离型 TPC 拓扑形式则更加多样。

TPC 具有更多的功率端口、更高的控制自由度，其分析、设计与实现也较传统两端口变换器更复杂。电路拓扑是进一步开展具体分析、控制、设计技术研究的基础，因此，有必要系统地研究和揭示众多 TPC 拓扑之间的本质规律和内在联系，形成一般性拓扑衍生构造方法。

传统两端口直流变换器经过几十年的发展，其基本拓扑、拓扑分析和衍生方法已经相对成熟，但新的应用需求和新型器件仍推动着大量新型拓扑不断被提出，或者已有拓扑从不同应用或设计的角度被优化。归纳起来，常见的变换器拓扑衍生方法包括：①提出新的基本开关单元和开关单元组合/连接规则，由此推演得到新的变换器拓扑族；②将基本变换器拓扑通过级联、并联、串联等方法组合或集成得到新的拓扑；③利用对偶原理，由已知的变换器拓扑得到与之对偶的新型拓扑；④通过引入变压器等方法得到新的变换器拓扑等。其中，方法②~④一般用于在已知变换器拓扑的基础上推导新拓扑，或者对特定拓扑的性能进行优化，而方法①则通常用于对一类拓扑族进行系统性的研究。

在众多的直流变换器拓扑衍生方法中，基于基本开关单元的拓扑衍生方法具有代表性。该方法在基本 PWM 直流变换器、多电平变换器、三电平变换器、多输入变换器以及软开关 PWM 变换器等多种变换器拓扑族的系统衍生中得到了成功应用。

研究表明，各个端口功率都可以双向流动的多端口双向变换器的电路结构可以采取以下方法来构造：①双向开关单元通过公共直流母线连接构成非隔离拓扑；②双向开关单元通过多绕组变压器耦合构成隔离拓扑；③综合应用公共直流母线和多绕组变压器耦合的方法构成部分隔离拓扑。应用上述方法得到的双向多端口变换器拓扑的统一电路形式如图 1-9 所示[6]。

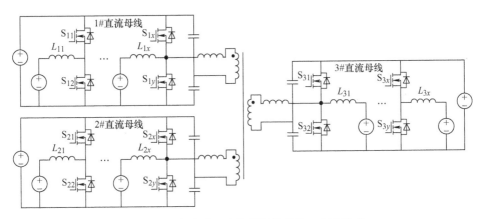

图 1-9　双向多端口变换器拓扑的统一电路形式

基于公共直流母线方式构成的 TPC 拓扑存在多级功率变换，而多变压器绕组耦合方式所涉及的变压器结构复杂、所用开关器件数量多、控制复杂，相对本文所关注的只需一个双向端口的 TPC 应用场合而言，这类全双向端口拓扑是其中一类功能有冗余的特殊分支。

若仅从变换器所包含的端口数量来看，包含多个输入端口的多输入变换器也属于多端口变换器的范畴。但多输入变换器与本文所述的 TPC 的概念不同，多输入变换器中各个输入端口是等价的，因此变换器本身只包含输入和输出两类端口，端口的特性和类型与传统的单输入单输出两端口变换器是相同的。但已有研究表明，多输入变换器可以通过两端口基本单元的串、并联连接而构成，该方法也可以应用到双向 TPC 拓扑的衍生中[9]。

采用脉冲电压源和脉冲电流源开关单元的方法，将双向脉冲电压源和双向脉冲电流源通过电感、电容等缓冲元件按照合适的方式串/并联组合连接来构造双向 TPC 电路拓扑，其得到的拓扑可以分为两类：电容缓冲型和非电容缓冲型，典型拓扑如图 1-10 所示。从图中可知，电容缓冲型双向 TPC 与公共直流母线结构的 TPC 相似；而非电容缓冲型双向 TPC 所用开关器件的数量较多、存在多级功率变换。此外，对于图 1-10b 所示的非电容缓冲型拓扑，$U_1$ 和 $U_2$ 端口的功率流向必须相同且由电感电流方向决定，这使得 $U_1$ 和 $U_2$ 端口相互影响，导致其不适用于由输入源、蓄电池和负载构成的 TP-PCS 应用场合。

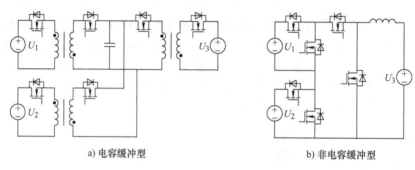

a) 电容缓冲型      b) 非电容缓冲型

图 1-10 两类双向 TPC 拓扑结构

上述两类双向 TPC 拓扑的衍生方法本质上也是一种基于基本开关单元的衍生方法，图 1-9 中双向开关单元是其"基本单元"，变压器耦合（或高频交流耦合）和公共直流母线耦合是其连接规则；图 1-10 中双向脉冲电压源和双向脉冲电流源是其"基本单元"，电容耦合或电感耦合是其连接规则。然而，深入的分析发现，开关单元方法在应用于三端口变换器的系统研究时仍存在很大的局限性：

1）开关单元反映了一类变换器拓扑的主开关管的作用方式，因此，这一族拓扑中必然存在相同或相似的电路结构和形式，并且其基本功率变换特性可以用相同或等价的开关单元来表达和描述。例如多电平变换器中的"基本两电平开关单元"，三电平变换器中的"三电平开关单元"等。

2）已有的开关单元通常是针对基本的两端口直流变换器拓扑族而言的，开关单元自身通常只包含一个独立的功率控制变量，并且根据基本两端口变换器拓扑的结构，所给出的开关单元一般为三端网络，使得开关单元只涉及一个输入端口和一个输出端口，只能处理单一的功率流。涉及多功率流向的多端口变换器，其基本开关单元可能包含多个不同功率控制特性的独立开关，其构造较之两端口开关单元要困难得多。

总结上述两端口和三端口变换器的拓扑构成方法可以发现存在以下问题：①基

于基本开关单元的两端口直流变换器的拓扑衍生方法已经比较成熟，但由于包含多个不等价端口，同时处理多个不同特性功率流的 TPC 拓扑复杂，其基本开关单元的提炼十分困难；②TPC 拓扑形式多样，包括上述非隔离、部分隔离和全隔离三类，即使一种（或一组）开关单元可能描述一小类有共性的 TPC 拓扑，但也不能从整个 TPC 拓扑族的角度体现和反映拓扑共性；③现有的 TPC 拓扑衍生方法可以得到一些拓扑，但所得到的拓扑族，普遍存在集成度较低、多级功率变换等问题。

但进一步分析也同时发现以下特点：①虽然相关文献所提出的众多 TPC 电路拓扑在具体的拓扑构成形式上没有统一的规律，但各个 TPC 拓扑体现出一致的端口外特性以及功率流传输和控制的共性特性；②文献所提出的 TPC 拓扑均源于两端口变换器，是由多个两端口直流变换单元集成或组合在一起而构成的；③依据输入源端和输出负载端的相对功率大小，TPC 的工作模式可以等效为双输入变换器、双输出变换器和单输入单输出变换器等，而双输入变换器、双输出变换器等也是从两端口变换器拓展演变而来。

本书在充分总结、借鉴两端口直流变换器的理论、方法和电路成果的基础上，从功率变换的本质入手研究复杂功率变换器的拓扑衍生。具体而言，从 TPC 功率流传输和功率控制的角度分析、认识和理解 TPC 拓扑构成和工作的内在机理，分析现有 TPC 拓扑的构造、工作状态和工作原理，归纳总结其中的一般性规律和特性，揭示 TPC 与两端口变换器的内在联系，搭建上述两端口拓扑向 TPC 转换的桥梁，形成基于功率流分析和重构的 TPC 拓扑一般性衍生思想和方法，并将理论和方法拓展延伸于复杂多端口变换器，并讨论其相关应用技术。

# 第2章 三端口变换器拓扑衍生：分析与方法

本章将从电力电子变换器功率传输和控制的角度，系统分析、认识和理解 TPC。分析并归纳总结 TPC 拓扑的构造和工作原理，提取出反映各类 TPC 拓扑共性的变换器端口特性及端口间的功率流特性，并进一步通过功率流分解和等效，揭示 TPC 与传统两端口变换器的内在联系，据此搭建由两端口变换器向 TPC 转换的桥梁，提出基于功率流重构的 TPC 拓扑构造的一般原则和具体实现方法。

## 2.1 TPC 功率流分析

电力电子变换器的本质任务是完成两个功率端口之间的电能量（以下简称能量）传输及其控制，也就是构建两个功率端口之间的有序能量流动。因此，一条完整的功率流包含两个基本要素：能量传输路径以及在该路径上所施加的控制。如果能量从电力电子变换器的一个端口流向另一个端口，则称两个端口之间存在一条功率流。电力电子变换器的功率流特性主要是指功率在各端口之间的流向及其分布特性。

### 2.1.1 TPC 的工作模式

本书所关注的 TPC 的基本结构如图 2-1 所示，其单向输入端口 $U_{in}$ 与主电源相连，单向输出端口 $U_o$ 与负载（或直流母线）相连，双向端口 $U_b$ 与储能装置（蓄电池）相连。定义 TPC 三个端口的平均功率分别为：输入功率 $P_{in}$，输出功率 $P_o$，双向功率 $P_b$（以充电功率为正、放电功率为负），如图 2-1 所示，其三个端口的稳态平均功率关系满足

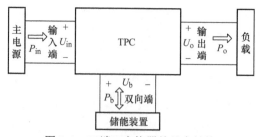

图 2-1 三端口变换器的基本结构

$$P_{in} = P_o + P_b \tag{2-1}$$

根据 $P_{in}$ 和 $P_o$ 的大小关系，TPC 存在三种可能的工作模式。

（1）双输出模式：当 $P_{in} \geqslant P_o$ 时，主电源向负载供电，同时多余功率（$P_{in} - P_o$）向蓄电池充电。该模式下，主电源同时向负载和蓄电池供电，系统等效功率流如图 2-2a 所示。

（2）双输入模式：当 $P_{\text{in}} \leqslant P_{\text{o}}$ 时，主电源无法提供负载所需的全部功率，蓄电池放电补充差值功率（$P_{\text{o}} - P_{\text{in}}$）。该模式下，主电源和蓄电池同时向负载供电，系统等效功率流如图 2-2b 所示。

（3）单输入单输出模式：当主电源输入功率为零（$P_{\text{in}} = 0$）时，蓄电池单独向负载供电（$P_{\text{b}} = P_{\text{o}}$），系统功率流如图 2-2c 所示。

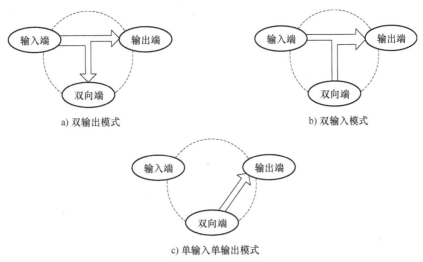

a) 双输出模式               b) 双输入模式

c) 单输入单输出模式

图 2-2 TPC 不同工作模式功率流向图

## 2.1.2 功率流传输与控制

### 1. 功率流的传输

若要实现图 2-2a 所示的双输出工作模式，TPC 必须且只需建立输入端到输出端以及输入端到双向端的两条功率流。同理，若要实现图 2-2b 所示的双输入工作模式，TPC 则必须且只需建立输入端到输出端、以及双向端到输出端的两条功率流；若要实现图 2-2c 所示的单输入单输出工作模式，TPC 则必须且只需建立双向端到输出端的功率流。

综合图 2-2 所示的 TPC 所有工作模式下各端口之间的功率流，便可以得到如图 2-3 所示的 TPC 内部完整的等效功率流向图，图中共包含三条功率流，并且其中任意两个端口之间的功率流与其他功率流之间在逻辑上是解耦的，即独立可控的。

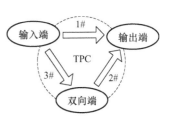

图 2-3 TPC 内部完整的
功率流向图

若要建立一条功率流以实现能量在两个端口之间传输，则两端口之间必然存在一条功率传输路径。因此，与图 2-3 所示的功率流向图相对应的 TPC 中，必然存在与之对应的三条功率传输路径。对于具体电路中的每一条功率传输路径，都与一个实际的或等效的一端输入、一端输出的两端口直流变换单元相对应。换言之，任意 TPC 电路都能够分解等效为三个两端口变换器子电路。反之亦然，用两端口变换单元分别构建出上述三条功率传输路径，并以此连接输入、输出及双向三个端口，则可以构成一个基本的 TPC 拓扑。

2. 功率流的控制

图 2-3 中 TPC 的三条功率传输路径都必须是可控的，才能使 TPC 在各种工作模式下完成预期的功率变换与能量管理功能。因此，三条功率传输路径都需要分别包含一个独立可控开关，使得对应的功率传输路径受控。

此外，式（2-1）所示的功率约束关系又表明：

1）在双输出工作模式下，TPC 必须同时对两条功率流进行控制，第三个端口的功率则由系统功率平衡关系所决定。换言之，TPC 需要同时提供两个独立的控制量来满足系统功率控制要求；双输入工作模式亦然。

2）在单输入单输出工作模式下，只需对储能和输出端口之间的功率流进行控制，所以，该模式下 TPC 只需要提供一个独立的控制量即可。

所述控制量可以是功率开关管的占空比、开关频率或移相角等。

## 2.2 功率流重构与 TPC 拓扑衍生方法

### 2.2.1 基本原理

从系统功率传输及其控制的角度，任意电路拓扑只要能够构建 TPC 所对应的三条功率流、实现三个端口之间的功率变换与能量管理，则该电路就是 TPC。所谓构建功率流也即构造实现该功率流所需的功率传输路径以及在该路径上所施加的功率控制变量。由此得出 TPC 拓扑构造的基本原则——必须且只需满足以下两个条件：

（1）功率传输路径条件：建立三条功率传输路径，分别实现输入端到输出端、输入端到双向端以及双向端到输出端的功率传输。

（2）功率控制条件：建立系统功率控制所需要的控制变量，使三条功率传输路径分别受控，且任意时刻最多只需要有两条功率传输路径同时受控。

根据上述分析，TPC 拓扑的构造过程，就是 TPC 中三条功率流所对应的功率传输路径和控制变量的构造过程。事实上，TPC 中的每一条功率流都与一个功能完整的两端口变换器相对应。因此，传统两端口变换器是构成 TPC 电路拓扑的基础。本书将从已有的两端口变换器入手，研究 TPC 电路拓扑的具体构造方法和过程。

直接组合三个两端口变换器也可以很容易实现 TPC 的电路功能，但如此并不能得到所期望的高集成度、高功率密度 TPC 拓扑。另外，注意到，部分两端口变换器可能还存在冗余的、未经发掘或利用的功率端口、传输路径或控制变量。如果能够将这些电路加以适当改进，则可以在不增加或有限增加电路复杂度的基础上，得到高效、高集成度的 TPC 拓扑。

根据两端口变换器所包含的冗余功率传输路径及控制变量情况，任意两端口变换器均可以分为以下四类：①变换器自身不存在任何冗余的功率传输路径和控制变量；②变换器自身存在冗余的功率传输路径但不存在冗余的控制变量；③变换器自身存在冗余的控制变量但不存在冗余的功率传输路径；④变换器自身同时存在冗余的功率传输路径和控制变量。针对两端口变换器各自不同的特性，加以分析和改进，则可以由任意两端口变换器为基础，获得与之相对应的 TPC 拓扑结构。

## 2.2.2　组合–优化构造法

### 1. 拓扑衍生

Buck、Boost 等基本两端口变换器仅能构建输入到输出的单一功率流，变换器自身不存在冗余的功率传输路径或控制变量。对于该类变换器，可以采用多个两端口变换器直接组合的方法构建 TPC 所需的功率传输路径以及功率控制所需的控制变量。由于一个完整的两端口变换器已经包含了一条独立的功率传输路径以及在该路径上所施加的控制变量，所以，只需将三个两端口变换器按照图 2-4 所示的方式组合，就可以构成组合式 TPC 拓扑。

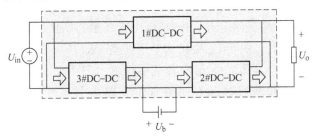

图 2-4　直接组合构造的 TPC 拓扑结构图

图 2-5 给出了由三个 Boost 变换器直接组合得到的 TPC 拓扑实例，如图 2-5a ~ c，将三个 Boost 变换器按照图 2-4 所示的方式组合，得到了图 2-5d 所示的组合式 Boost – TPC 拓扑。该组合式 Boost – TPC 虽然能够实现任意两个端口之间的单级功率变换，但由于三个 Boost 电路彼此是相互独立的，电路集成度低、体积重量大，还需进一步优化才能得到高集成度、高功率密度的 TPC 拓扑。因此，采用多个两端口变换器直接组合构成 TPC 拓扑的关键，在于如何将组合后形成的初步拓扑进一步集成和优化。

### 2. 拓扑优化

图 2-5d 所示拓扑中，存在多个并联连接且结构相同的子电路，例如 $L_1$ 与 $S_1$ 串

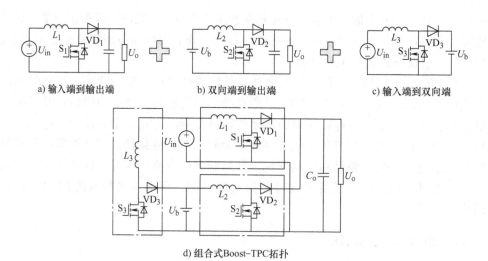

a) 输入端到输出端          b) 双向端到输出端          c) 输入端到双向端

d) 组合式Boost-TPC拓扑

图 2-5　三个 Boost 变换器组合构造 TPC 的过程

联构成的子电路与 $L_3$ 和 $S_3$ 串联构成的子电路，以及 $S_1$ 与 $VD_1$ 串联构成的子电路与 $S_2$ 和 $VD_2$ 串联构成的子电路，若将上述结构相同的子电路进一步集成和共用，则可以将最初组合得到的 TPC 拓扑进一步简化。以图 2-5d 所示组合式 TPC 拓扑为例，阐述简化的思路和过程。

为了便于理解，将图 2-5d 所示原始拓扑重绘于图 2-6a。

首先，从 $U_{in}$ 端来看，由 $L_1$ 和 $S_1$ 构成的支路与 $L_3$ 和 $S_3$ 构成的支路结构相同，且都与 $U_{in}$ 并联，将两个支路合并，得到图 2-6b 所示的拓扑。

其次，支路合并后，由于 $U_b$ 到 $U_o$ 为升压变换，即 $U_b < U_o$。当变换器工作在双输出模式时，$U_{in}$ 端输入的功率无法向负载端传输，表明无法同时实现蓄电池端和负载端功率的控制。考虑到 $U_b < U_o$，在 $VD_4$ 支路上引入可控开关管 $S_4$，补充由于支路合并而缺失的控制变量，便可实现输入功率在蓄电池端和负载端的分配，如图 2-6c 所示。

重复上述过程，将 $L_1$、$S_1$ 和 $VD_1$ 构成的 Boost 单元与 $L_2$、$S_2$ 和 $VD_2$ 构成的 Boost 单元合并，并考虑到 $U_{in}$ 和 $U_b$ 输入功率的可控性，引入开关管 $S_5$ 和二极管 $VD_5$，实现双输入模式下 $U_{in}$ 和 $U_b$ 端输入功率的管理，最终得到图 2-6d 所示的优化拓扑。

将图 2-6d 所示拓扑称为集成 Boost-TPC（简称 Boost-TPC）。对比优化前后的拓扑可知，优化后的拓扑只使用一个电感，变换器的体积、重量可以大幅度减小。但优化前后变换器所用开关管的数量是相同的，每一个功率通路上依然包含可控开关，满足系统功率控制的需求。

总结上述过程，对于多个变换器组合构成的 TPC 拓扑，可按照下述原则和步骤优化：

1）判断变换器输入端口是否连接多个结构相同的电路支路，若是，将两支路合并。

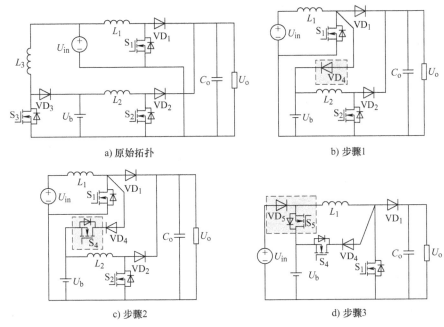

a) 原始拓扑　　　　　　　　b) 步骤1

c) 步骤2　　　　　　　　　d) 步骤3

图2-6　组合式TPC拓扑优化实例

2）检查支路合并后的电路是否依然满足功率可控性的要求，若不满足，根据端口电压关系，引入相应的有源或无源开关使其满足控制的要求。

3）分别对电路的输出端口和双向端口重复上述过程。

### 2.2.3　控制变量重构法

部分两端口变换器不仅能完成输入端口到输出端口的功率变换，其内部还存在冗余的功率传输路径，自身已经具备了TPC所需的三条功率传输路径，但其所能提供的独立控制变量不满足TPC的要求。对于该类变换器，只需在其已有功率传输路径基础上，适当改进控制策略或拓扑结构，重构TPC系统功率控制所需的控制变量，就可以得到相应的TPC拓扑。

以半桥变换器（Half-Bridge Converter，HBC）为例来具体说明，如图2-7所示，$U_{in}$和$U_o$分别是其输入和输出端口。

若将HBC中变压器T的励磁电感$L_m$用做滤波电感，则可以发现：在HBC的一次侧寄生了由$L_m$、

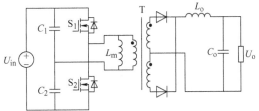

图2-7　半桥变换器电路拓扑

$S_1$和$S_2$构成的双向Buck/Boost开关单元。若将该双向开关单元加以利用，那么在HBC电路中共存在四个功率端口，如图2-8所示。四个功率端口中的任意两个端

口之间都存在功率传输路径。例如：以端口 1 为输入、端口 4 为输出，即为传统的 HBC；以端口 1 为输入、端口 2 为输出，则是 Buck 变换器。四个端口中任意两两端口之间的等效电路如图 2-9 所示。上述分析表明，HBC 电路中已经存在多个潜在的功率传输路径和功率端口，利用这些潜在电路能够实现任意两个功率端口之间的功率传输，因此 HBC 已经具备了构造 TPC 所需要的端口及功率传输路径条件。

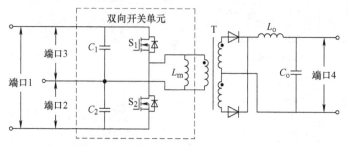

图 2-8　半桥变换器中的潜在功率端口

　　传统 HBC 有两种典型的工作方式：对称方式和非对称方式。对称工作方式下，一次侧两个开关管占空比相等、交错 180° 工作，开关管硬开关、变压器无偏磁；非对称工作方式下，两个开关管互补工作，开关管能够实现软开关但变压器有偏磁。然而，无论哪种工作方式，HBC 只有一个开关管的占空比可以独立调节，另外一个开关管的占空比则跟随变化。因此，传统 HBC 只能提供一个独立控制变量，尚不能满足 TPC 功率控制的需求。

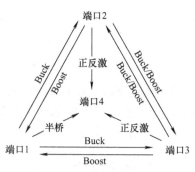

图 2-9　半桥变换器中端口
之间的等效功率路径

　　有文献中研究了一种三模态三端口变换器[10-12]如图 2-10 所示，但没有深入阐述拓扑构成的机理。从功率流传输及其控制的角度，该拓扑的构成机理可以解释如下：该变换器利用了 HBC 自身潜在的功率传输路径，同时在 HBC 的一次侧引入开关管 $S_3$ 和二极管 $VD_C$ 串联构成的辅助开关支路，实现了开关管 $S_1$ 和 $S_2$ 的解耦控制，构造了一个新的独立控制变量，满足了 TPC 功率控制要求，从而形成了可用的 TPC 拓扑。

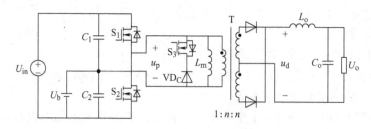

图 2-10　三模态三端口变换器

该变换器的关键波形如图 2-11 所示，以双输出工作模式为例，一次侧开关管 $S_1$、$S_2$ 和 $S_3$ 交替导通，当开关管 $S_3$ 导通时，变压器一次侧线圈的电压被钳位为零电平，励磁电感和滤波电感都处于续流工作状态。假设 $S_1$、$S_2$ 和 $S_3$ 的占空比分别为 $D_1$、$D_2$ 和 $D_3$，根据变压器励磁电感 $L_m$ 和输出滤波电感 $L_o$ 的伏秒平衡，可以得到如下电压关系

$$\begin{cases} U_{\text{in}} = \dfrac{D_1 + D_2}{D_1} \cdot U_{\text{b}} = \left(1 + \dfrac{D_2}{D_1}\right) U_{\text{b}} \\ U_{\text{o}} = n\left[ D_1\left(U_{\text{in}} - U_{\text{b}}\right) + D_2 U_{\text{b}} \right] = 2 n D_2 U_{\text{b}} \end{cases} \tag{2-2}$$

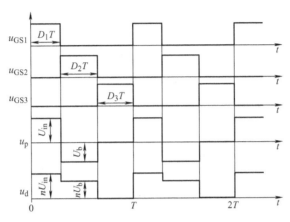

图 2-11 三模态三端口变换器关键波形

由式(2-2)可知，开关管 $S_3$ 和 $VD_C$ 辅助开关支路的引入，使得开关管 $S_1$ 和 $S_2$ 的占空比可以各自独立调节，形成了两个独立的控制变量，同时实现了 $U_{\text{in}}$ 和 $U_{\text{o}}$ 两个端口的电压/功率控制，满足了 TPC 功率控制的要求。

## 2.2.4 功率传输路径重构法

部分两端口变换器不仅能完成输入到输出端口的功率控制，其本身还存在冗余的功率控制变量，具备了 TPC 所需要的功率控制条件，但是无法提供 TPC 所需要的功率传输路径。对于该类两端口变换器，只需利用其已有的功率控制变量，适当改进拓扑结构、在原两端口变换器中重构新的功率传输路径，就可以得到 TPC 拓扑。

下面以传统全桥变换器（Full-Bridge Converter, FBC）为例来具体说明，其电路拓扑如图 2-12 所示。FBC 的一次侧由两个开关桥臂并联构成，每个桥臂都由两个开关管串联构成。FBC 可以采用占空比调节，即开关管 $S_1$ 和 $S_4$、$S_2$ 和 $S_3$ 分别同步开关，占空比均为 $D$，通过调节 $D$ 来调节输出电压；FBC 还可以采用移相控制，即 $S_1$ 和 $S_2$、$S_3$ 和 $S_4$ 分别以固定占空比 0.5 互补导通，通过改变两对开关管之间的移相角，实现输出电压的控制。可见，FBC 本身能够提供三个独立的控制变量：

每个开关桥臂开关管的占空比，以及两个开关桥臂之间的移相角。移相控制 FBC 只利用了两个开关桥臂之间的移相角，对于两开关桥臂开关管的占空比则没有加以有效利用。

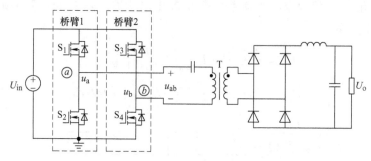

图 2-12　全桥变换器电路拓扑

FBC 电路内部虽然存在冗余的控制变量，具备了构建 TPC 所需的功率控制条件，然而，由于 FBC 自身不具备多余的功率传输路径以及功率端口，FBC 尚不能直接用做 TPC。

有研究通过在 FBC 开关桥臂中间引入滤波电感的方式构成了集成 Boost 全桥三端口变换器[13,14]，如图 2-13 所示。从功率传输及其控制的角度，图 2-13 所示 TPC 拓扑构成机理如下：该变换器同时利用了 FBC 所能提供的移相角和占空比控制变量，通过在 FBC 的开关桥臂中间引入滤波电感，使电感和开关桥臂构成了 Boost 变换器，从而在 FBC 内部建立了新的功率传输路径，并通过开关管占空比的调节实现了集成 Boost 变换器的功率控制，从而使其同时满足了 TPC 所需要的功率传输路径和功率控制条件，构成了可用的 TPC 拓扑。

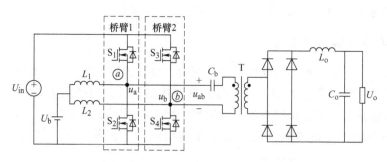

图 2-13　集成 Boost 三端口全桥变换器

集成 Boost 三端口全桥变换器的关键波形如图 2-14 所示。以双输出工作模式为例，开关管 $S_1$ 和 $S_2$、$S_3$ 和 $S_4$ 分别互补导通，且 $S_1$ 与 $S_3$、$S_2$ 与 $S_4$ 的占空比分别相等，通过调节 $S_1$ 和 $S_3$ 的占空比 $D$ 实现一次侧输入源 $U_{in}$ 和蓄电池 $U_b$ 的电压/功率控制，通过调节 $S_1$ 和 $S_3$ 的移相角 $\varphi$ 实现输出电压 $U_o$ 的控制。

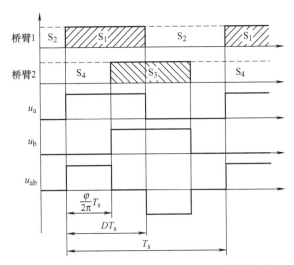

图 2-14　集成 Boost 三端口全桥变换器关键波形

## 2.2.5　直接构造法

　　部分两端口变换器不仅存在冗余的功率传输路径，同时还存在冗余的功率控制变量，使得变换器自身已经具备了构成 TPC 的所有条件。对于该类两端口变换器，只需要分辨出其中所隐藏的第三个功率端口，就可以直接将其升级为 TPC。

　　直接构造法对两端口变换器有特殊的要求，只有在对特定两端口变换器充分研究并了解其特性的基础上，才能判断其是否可以升级为 TPC。一般 TPC 三个端口都为电压型端口，每个端口的电压都可以根据需要调节。因此，可以直接升级为 TPC 的两端口变换器，其内部必然存在一个电压可以自由调节的电容端，所谓自由调节是指该电容两端的电压可以独立于两端口变换器原输入和输出端口的电压自由调节。所以，首先观察两端口变换器内部是否存在电容端口，然后再判断该电容的电压是否可以独立于输入和输出自由调节。只要满足上述条件，就可以将该两端口变换器直接升级为 TPC。

　　以上述条件为判据，可以发现 Z 源变换器已经具备了直接构成 TPC 的条件。Z 源变换器内部包含两个电容，且可以将开关桥臂的直通时间作为独立的控制变量调节电容电压，只需要将 Z 源变换器内部其中一个电容用做双向储能端口，就可以将其升级为 TPC[15]。图 2-15 给出了由 Z 源逆变器[16]、Z 源 Buck 变换器[17]以及 Z 源 LLC 谐振变换器[18]构成的 Z 源 TPC 电路拓扑实例，参考文献［15］对图 2-15a 所示的 Z 源 TPC 进行了深入研究，表明了该类电路结构的有效性。

　　采用直接构造法，除了可以将所有的 Z 源变换器升级成 TPC 外，还可以将准 Z 源变换器等两端口变换器直接升级成 TPC。

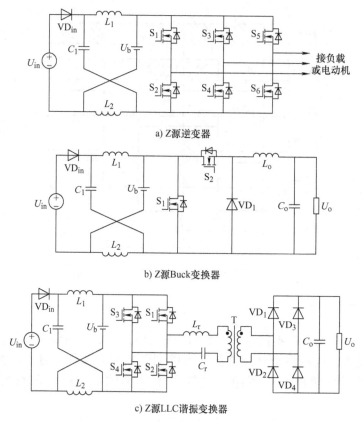

a) Z源逆变器

b) Z源Buck变换器

c) Z源LLC谐振变换器

图2-15　Z源三端口变换器拓扑实例

## 2.3　TPC 功率控制策略

对于包含一个输入端口、一个输出端口和一个双向储能端口的 TPC，不论其拓扑结构如何，对各端口功率控制的需求是类似的。本书以 PV、蓄电池和负载构成的航天器供电系统为例，分析系统的功率控制策略。

根据 PV 输入功率 $p_{in}$ 和负载功率 $p_o$ 的关系，以及蓄电池的充放电状态，供电系统共存在四种可能的工作模式，不同工作模式下系统功率流向如图2-16所示。

工作模式1：$p_{in} > p_o$ 且蓄电池充电电压（$u_b$）和电流（$i_b$）均未达到设定的最大值，负载功率全部由 PV 提供，同时 PV 多余功率向蓄电池充电；该模式下，PV电压 $u_{in}$（或电流 $i_{in}$）受控以实现 MPPT，同时 $u_o$（或 $i_o$、$p_o$）受控，系统功率流向如图2-16a 所示。

工作模式2：$p_{in} > p_o$ 且 $u_b$（或 $i_b$）达到设定的最大值，负载功率全部由输入源提供，蓄电池工作于充电状态，但蓄电池无法吸收 PV 提供的最大功率，因此 PV

不再工作于 MPPT 状态。此时 $u_b$（或 $i_b$）和 $u_o$ 受控，PV 端电压和电流跟随其他端口变化，系统功率流向如图 2-16b 所示。

工作模式 3：$p_{in} < p_o$ 且 $p_{in} > 0$，此时 PV 仍能输出功率，但无法提供负载所需的全部功率，PV 和蓄电池共同向负载供电，蓄电池工作于放电状态。与工作模式 1 类似，输入源工作在 MPPT 状态，即 $u_{in}$ 和 $u_o$ 受控，$u_b$ 和 $i_b$ 不控，系统功率流向如图 2-16c 所示。

工作模式 4：$p_{in} = 0$，蓄电池单独向负载供电，此时只有 $u_o$ 受控，蓄电池电压/电流跟随负载功率变化，系统功率流向如图 2-16d 所示。

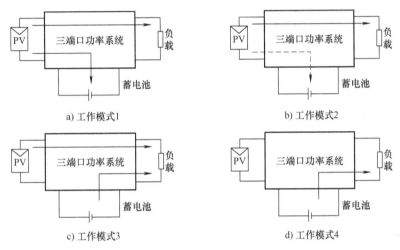

a) 工作模式1　　　　　　　　　　　　　b) 工作模式2

c) 工作模式3　　　　　　　　　　　　　d) 工作模式4

图 2-16　光伏-蓄电池供电系统不同工作模式功率流向图

光伏-蓄电池联合供电系统的目的是实现负载端的稳定供电，因此负载端保持受控。根据负载特性，负载侧可工作于恒压、恒流或恒功率状态，但任意时刻负载仅处于其中一种状态，即任意时刻，负载端电压 $u_o$、电流 $i_o$ 和功率 $p_o$ 中有且只有一个处于受控状态。

光伏-蓄电池供电系统中，PV 和蓄电池互补工作保持负载稳定运行，即 PV 端不足的功率由蓄电池来补充，或 PV 端多余的功率由蓄电池吸收。因此，任意时刻，PV 和蓄电池只有一个处于受控状态，另外一个则保持系统功率平衡。对于 PV 和蓄电池，需要实现如下控制功能：PV 输入电压（$u_{in}$）或电流（$i_{in}$）控制、蓄电池充电电压（$u_b$）控制、蓄电池充电电流（$i_b$）控制，有时还需要对蓄电池的放电电压和电流进行限制，以避免蓄电池过放电而失效。PV 端电压 $u_{in}$ 受控表明其工作于 MPPT 状态，只有在 PV 输出功率为零或者蓄电池充满时，PV 端才退出 MPPT 状态。此外，由于 PV 功率和蓄电池功率的互相补充特性，在任意时刻，PV 和蓄电池端的所有电压和电流变量中有且只能有一个处于受控状态。特别地，当系统工作于模式 4 时，PV 和蓄电池端的所有变量都不受控，蓄电池电压和电流跟随负载功率变化。

　　基于上述控制需求的分析，光伏-蓄电池联合供电系统的通用功率控制框图如图 2-17 所示。图中的输入电压调节器（Input Voltage Regulator，IVR）、蓄电池电流调节器（Battery Current Regulator，BCR）及蓄电池电压调节器（Battery Voltage Regulator，BVR）共同实现 PV 和蓄电池的控制，其中，IVR、BCR 和 BVR 分别实现 $u_{in}$、$i_b$ 及 $u_b$ 的控制，IVR 的电压基准由 MPPT 控制器产生。输出电压调节器（Output Voltage Regulator，OVR）、输出电流调节器（Output Current Regulator，OCR）及输出功率调节器（Output Power Regulator，OPR）共同作用实现负载端控制，其中 OVR、OCR 和 OPR 分别实现负载端 $u_o$、$i_o$ 和 $p_o$ 的调节。工作模式选择器根据各个调节器的输出判断系统所处的工作模式，从各个调节器的输出中选取合适的控制电压作为脉宽调制器（PWM）的输入。需要注意：若负载侧只需要实现稳压控制，则可不需要 OCR 和 OPR，只需保留 OVR 即可。

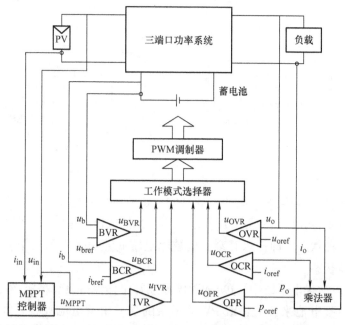

图 2-17　光伏-蓄电池联合供电系统通用功率控制框图

　　上述分析表明，虽然 TPC 的功率控制较传统两端口变换器略复杂，系统中存在多个控制环路，但在特定工作模式下，PV 和蓄电池端的所有控制环路中有且只有一个处于工作状态，负载端的控制环路也有且仅有一个处于工作状态，因此系统中最多有两个控制环路同时有效。然而，由于 TPC 各功率支路的复用，将可能会导致同时工作的两个控制环路存在不同程度的耦合，设计控制参数时需要考虑合适的策略以消除或者减弱各环路之间的耦合。例如，可以通过数学模型的分析引入解耦矩阵以实现各环路的完全解耦[19]，或者对不同的控制环路设计明显的带宽差异，以实现各环路之间的近似解耦等[20]。

图 2-17 所示的功率控制框图适用于所有由新能源发电源、蓄电池和负载构成的三端口功率系统。考虑到不同 TPC 电路拓扑的 PWM 策略不尽相同，图 2-17 所示的框图中各个电压/电流调节器基准与反馈的逻辑关系、工作模式选择器的实现方式以及 PWM 调制器的实现方法等，需要依据具体变换器的工作原理进行针对性设计。

## 2.4 本章小结

本章从功率传输与控制的角度系统分析了 TPC 拓扑的基本特性及其与两端口变换器的内在联系，由此提出了 TPC 拓扑衍生的一般性方法。通过分析、总结并提取出各类 TPC 拓扑所共有的端口功率特性及端口间功率流特性，从系统功率传输及其控制的角度，得到了构建 TPC 拓扑的一般原则：构建出 TPC 功率流传输所需要的功率端口、功率传输路径及其功率控制变量。以重新构建 TPC 三条功率流所需的功率传输路径及其功率控制变量为出发点，得到了基于传统两端口变换器构造 TPC 拓扑的物理实现方法，即组合-优化构造法、控制变量重构法、功率传输路径重构法和直接构造法等。上述方法的基本指导思想是，充分发掘并利用两端口变换器自身已经具备的功率传输路径及功率控制变量条件，补充构造所缺失的功率传输路径或功率控制变量，以期获得高集成度、高功率密度的 TPC 拓扑。

面向 TPC 在输入源、蓄电池和负载构成的三端口功率系统中的应用，以航天器光伏-蓄电池联合供电系统为应用实例，分析并提出了通用的三端口功率系统多目标优化功率控制和能量管理策略，兼顾了输入源最大功率点跟踪、负载输出稳定以及蓄电池充放电管理等控制需求。

# 第3章　非隔离三端口直流变换器

组合-优化构造法特别适合非隔离 TPC 拓扑的衍生构造。本章将从 TPC 的端口特性分析入手，基于组合-优化构造法，深入研究非隔离 TPC 拓扑的构造方法和过程。

## 3.1　概述

将 TPC 的功率流向图重画，如图 3-1 所示。从图中可以看到，TPC 对不同端口表现出不同的特性：对于 TPC 的输入端而言，输出端和双向端都可以看做其负载，因此 TPC 对于输入端表现为双输出变换器（Dual-Output Converter，DOC）特性。对于 TPC 的输出端而言，输入端和双向端都可以看做其输入，因此 TPC 对于输出端表现为双输入变换器（Dual-Input Converter，DIC）特性。对于 TPC 的双向端，其能量既可以流入，也可以流出，因此 TPC 对于双向端表现为双向变换器（Bidirectional Converter，BC）特性。

TPC 对不同端口所表现出的不同特性，直观地表明了 TPC 与已知的 DIC、DOC 和 BC 的内在联系。因此，可以考虑以上述变换器为基础构造 TPC 拓扑。而 DIC、DOC 及 BC 都是在传统两端口变换器基础上通过器件复用所发展起来的集成型变换器，相比于采用三个两端口变换器直接组合后再优化的 TPC 拓扑构造方法，基于 DIC、DOC

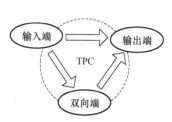

图 3-1　TPC 完整功率流向图

和 BC 等集成变换器将能够更加直接地得到高集成度、高功率密度的 TPC 拓扑，而 DIC 和 DOC 也可以看做是由两端口变换器构造 TPC 时所经过的中间过程。

## 3.2　基于双输入变换器的非隔离 TPC 拓扑

### 3.2.1　拓扑构成原理

参照 TPC 功率流分析过程，可以得到 DIC 内部的功率流向图，如图 3-2a 所示。从图 3-2a 可知，DIC 建立了两个输入端口与输出端口之间的两条功率流，这两条功率流与 TPC 中所建立的输入端口和双向端口到输出端口的两条功率流完全相同。对比图 3-1 和图 3-2a 可知，只需要在 DIC 的基础上补充两个输入端口之间的功率流，就可以构造出 TPC，如图 3-2 所示。

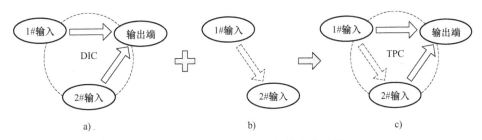

图 3-2 基于 DIC 的 TPC 拓扑生成过程

已有大量文献提出了一系列非隔离 DIC 拓扑。基于上述 DIC，并引入一个非隔离直流变换器建立两个输入端口之间的功率流，就可以构造出非隔离 TPC 拓扑。注意到，Buck、Boost 等 6 种基本非隔离变换器的输入与输出是同向或反向的，而在构造 TPC 时，DIC 中的一个输入端口将成为另外一个输入端口的输出。因此，只有两个输入端口具有公共端点的 DIC，才可以和基本非隔离变换器组合构成 TPC 拓扑。

### 3.2.2 拓扑构造实例

图 3-3 给出了 Boost - DIC 与 Boost 变换器组合构成 TPC 的详细过程。

首先，将 Boost - DIC 的两个输入端和输出端分别与输入源 $U_{in}$、双向端 $U_b$ 以及负载端 $U_o$ 相连，如图 3-3a 所示；

然后，用 Boost 变换器建立 $U_{in}$ 和 $U_b$ 之间的功率流，得到图 3-3b 所示的 TPC 拓扑。

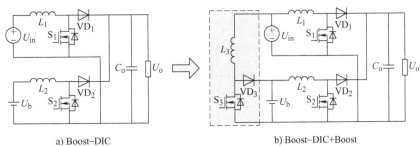

a) Boost–DIC          b) Boost–DIC+Boost

图 3-3 Boost - DIC 生成 TPC 拓扑实例

由图 3-3b 可知，Boost - DIC 与 Boost 变换器组合构成的 TPC，与第 2 章中所给出的、由 3 个 Boost 变换器直接组合得到的 TPC 拓扑一致。所以第 2 章所述的拓扑优化方法，也同样适用于由 DIC 与非隔离变换器组合构成的 TPC 拓扑。以器件集成和功率传输路径复用为基本原则，参照第 2 章所述拓扑优化方法和过程，得到图 3-4 所示的集成 Boost - TPC 拓扑。

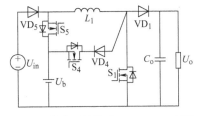

图 3-4 优化后的集成 Boost - TPC 拓扑

同理，Boost – DIC 还可以和 Zeta、Sepic、Buck 等各种非隔离变换器组合，图 3-5a 给出了 Boost – DIC 与 Zeta 变换器直接组合得到的 TPC 拓扑，图 3-5b 给出了优化后的 TPC 拓扑。

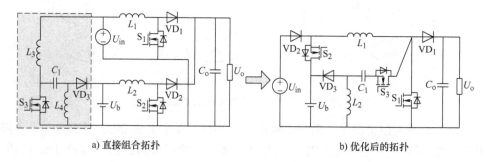

a) 直接组合拓扑　　　　　　　　　　　　b) 优化后的拓扑

图 3-5　Boost – DIC 与 Zeta 变换器组合构成的 TPC

按照上述拓扑生成和优化方法，基于已有的一系列 DIC，可以对应得到一系列优化的非隔离 TPC 拓扑，图 3-6 给出了其中的部分拓扑实例。

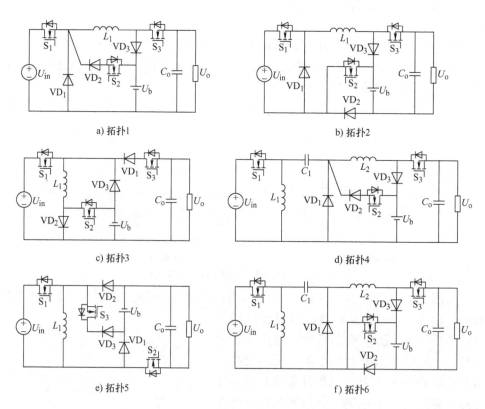

a) 拓扑1　　　　　　　　　　　　b) 拓扑2

c) 拓扑3　　　　　　　　　　　　d) 拓扑4

e) 拓扑5　　　　　　　　　　　　f) 拓扑6

图 3-6　DIC 组合优化生成的部分 TPC 拓扑实例

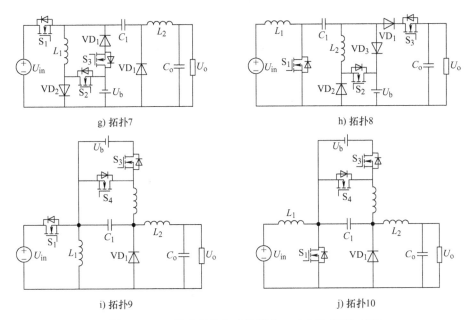

g) 拓扑7  h) 拓扑8

i) 拓扑9  j) 拓扑10

图 3-6 DIC 组合优化生成的部分 TPC 拓扑实例（续）

## 3.2.3 典型拓扑分析与实验

以 Boost‑TPC 为例进行详细分析，验证所提出的拓扑的有效性。

### 3.2.3.1 工作原理

图 3-4 所示的 Boost‑TPC 任意两个端口之间的等效功率变换电路均为 Boost 变换器，因此该变换器适用于 $U_{in} < U_b < U_o$ 的应用场合。为了便于分析，将 Boost‑TPC 重画如图 3-7 所示。

1. 双输出工作模式

双输出工作模式下，输入源同时向负载和蓄电池供电，蓄电池工作于充电状态，开关管 $S_3$ 保持关断状态，此时变换器的等效电路如图 3-8 所示。

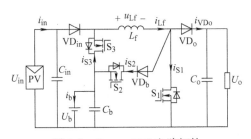

图 3-7 Boost‑TPC 电路拓扑

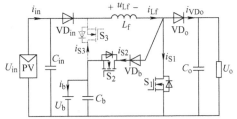

图 3-8 Boost‑TPC 双输出工作模式等效电路

双输出工作模式下，变换器在一个开关周期内共有 3 个主要的开关模态，变换器的主要工作波形及各开关模态等效电路分别如图 3-9 和图 3-10 所示。

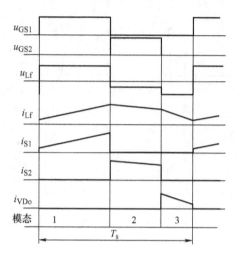

图 3-9  Boost－TPC 双输出工作模式主要工作波形

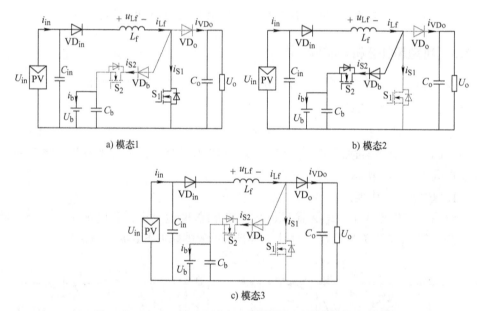

a) 模态1                          b) 模态2

c) 模态3

图 3-10  Boost－TPC 双输出工作模式各开关模态等效电路

开关模态 1：如图 3-10a 所示，$S_1$ 导通，$S_2$ 关断，电感电流 $i_{Lf}$ 在 $U_{in}$ 的作用下线性上升

$$\frac{di_{Lf}}{dt} = \frac{U_{in}}{L_f} \tag{3-1}$$

开关模态 2：如图 3-10b 所示，$S_1$ 关断，$S_2$ 导通，$U_{in}$ 向蓄电池充电，电感电流线性下降

$$\frac{di_{Lf}}{dt} = \frac{U_{in} - U_b}{L_f} \tag{3-2}$$

开关模态 3：如图 3-10c 所示，$S_1$、$S_2$ 都关断，$U_{in}$ 向负载供电，电感电流线性下降

$$\frac{di_{Lf}}{dt} = \frac{U_{in} - U_o}{L_f} \tag{3-3}$$

根据滤波电感伏秒平衡关系，可得

$$\begin{cases} U_{in} = U_o(1 - D_1) - U_b D_2 \\ U_o = \dfrac{U_{in} - U_b D_2}{1 - D_1 - D_2} \\ U_b = \dfrac{U_{in} - U_o(1 - D_1 - D_2)}{D_2} \end{cases} \tag{3-4}$$

式中，$D_1$、$D_2$ 分别是开关管 $S_1$ 和 $S_2$ 的占空比。

根据式(3-4)，开关管 $S_1$ 和 $S_2$ 的占空比可以作为两个独立的控制变量，同时实现其中两个端口的电压或功率控制。根据开关模态 2 和模态 3，通过调节 $S_2$ 的占空比，可以实现总输入功率在 $U_o$ 和 $U_b$ 之间的分配。假如将蓄电池作为功率调节装置，那么输出功率（或电压）就可以通过调节 $S_2$ 的占空比实现，而 $U_{in}$ 端输入的总功率则可以通过 $S_1$ 的占空比调节。

**2. 双输入工作模式**

在双输入工作模式下，输入源和蓄电池共同向负载供电，蓄电池工作在放电状态，开关管 $S_2$ 保持关断，变换器等效电路如图 3-11 所示。变换器在一个开关周期内共有 4 种可能的开关模态，各模态等效电路如图 3-12 所示。

开关模态 1：如图 3-12a 所示，$S_1$ 和 $S_3$ 同时导通，电感电流在 $U_b$ 的作用下线性上升

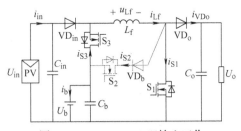

图 3-11　Boost - TPC 双输入工作模式等效电路

$$\frac{di_{Lf}}{dt} = \frac{U_b}{L_f} \tag{3-5}$$

开关模态 2：如图 3-12b 所示，$S_1$ 导通、$S_3$ 关断，电感电流在 $U_{in}$ 的作用下线性上升

$$\frac{di_{Lf}}{dt} = \frac{U_{in}}{L_f} \tag{3-6}$$

开关模态 3：如图 3-12c 所示，$S_1$ 关断、$S_3$ 导通，$U_b$ 向负载传输功率，电感电

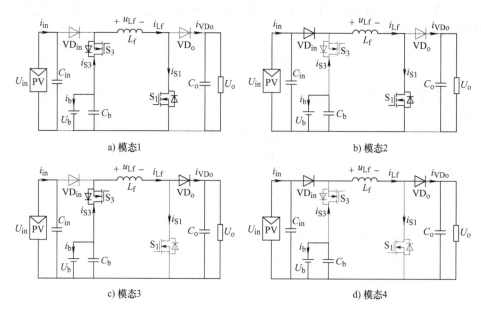

图 3-12　Boost－TPC 双输入工作模式各开关模态等效电路

流线性下降

$$\frac{\mathrm{d}i_{\mathrm{Lf}}}{\mathrm{d}t} = \frac{U_{\mathrm{b}} - U_{\mathrm{o}}}{L_{\mathrm{f}}} \tag{3-7}$$

　　开关模态 4：如图 3-12d 所示，$S_1$ 和 $S_3$ 同时关断，$U_{\mathrm{in}}$ 向负载传输功率，电感电流线性下降

$$\frac{\mathrm{d}i_{\mathrm{Lf}}}{\mathrm{d}t} = \frac{U_{\mathrm{in}} - U_{\mathrm{o}}}{L_{\mathrm{f}}} \tag{3-8}$$

　　假设 $S_1$ 与 $S_3$ 同时导通，占空比分别为 $D_1$、$D_3$。当 $D_1 > D_3$ 时，在一个开关周期内，变换器在开关模态 1、2、4 之间切换，此时主要波形如图 3-13a 所示；当 $D_1 < D_3$ 时，在一个开关周期内，变换器在开关模态 1、3、4 之间切换，此时主要波形如图 3-13b 所示。

　　变换器在稳态工作时，根据滤波电感的伏秒平衡关系可得

$$\begin{cases} U_{\mathrm{in}} = \dfrac{U_{\mathrm{o}}(1 - D_1) - D_3 U_{\mathrm{b}}}{1 - D_3} \\[3mm] U_{\mathrm{o}} = \dfrac{U_{\mathrm{in}}(1 - D_3) + D_3 U_{\mathrm{b}}}{1 - D_1} \end{cases} \tag{3-9}$$

　　根据式(3-9) 可知，双输入工作模式下，开关管 $S_1$ 和 $S_3$ 的占空比可以作为两个独立的控制变量，分别实现输入源和负载端的功率控制。将蓄电池看做功率平衡装置，变换器总的输出功率可以通过调节 $S_1$ 的占空比来调节，输入源输入的功率则可以通过 $S_3$ 的占空比来调节。

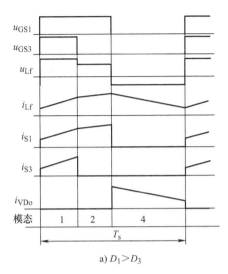
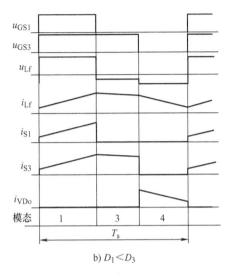

a) $D_1 > D_3$　　　　　　　　　　　　b) $D_1 < D_3$

图 3-13　Boost – TPC 双输入模式主要工作波形

### 3. 单输入单输出工作模式

当 $U_{in}$ 输入功率为零时，蓄电池单独向负载供电，此时开关管 $S_3$ 保持导通、$S_2$ 保持关断，变换器等效电路如图 3-14 所示。该模式下，变换器的工作原理与传统的 Boost 变换器相同，通过调节 $S_1$ 的占空比可以实现输出功率的控制，具体工作原理不再详细分析。

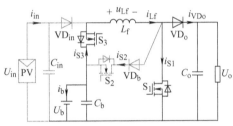

图 3-14　Boost – TPC 单输入单输出
工作模式等效电路

#### 3.2.3.2　PWM 策略

根据 Boost – TPC 工作原理以及第 2 章给出的光伏-蓄电池联合供电系统的通用功率控制策略，同时考虑负载侧的稳压控制，Boost – TPC 功率控制和 PWM 的实现原理如图 3-15 所示，其中图 3-15a 为控制框图，图 3-15b 为 PWM 电路的关键波形。

工作模式选择器采用竞争机制，用最小值选择器自动选择 $u_{BVR}$、$u_{BCR}$ 和 $u_{IVR}$ 中的最小值作为 PWM 调制器的输入，使得变换器能够在 MPPT 模式与蓄电池限流（或限压）充电模式之间自动平滑地切换。Boost – TPC 共有 3 个开关管需要控制，因此工作模式选择器需要输出三个对应的控制电压 $u_{CS1}$、$u_{CS2}$ 和 $u_{CS3}$ 分别用于产生 $S_1$、$S_2$ 和 $S_3$ 的驱动信号，控制电压的选择依据下式进行

$$\begin{cases} u_{CS1} = \min\{u_{BVR}, u_{BCR}, u_{IVR}\} + \max\{u_{OVR} - U_T, 0\} \\ u_{CS2} = \min\{u_{BVR}, u_{BCR}, u_{IVR}\} - u_{OVR} \\ u_{CS3} = u_{OVR} \end{cases} \tag{3-10}$$

式中，$U_T$ 是锯齿载波 $u_{tri}$ 的峰值。下面详细分析其具体工作原理和过程。

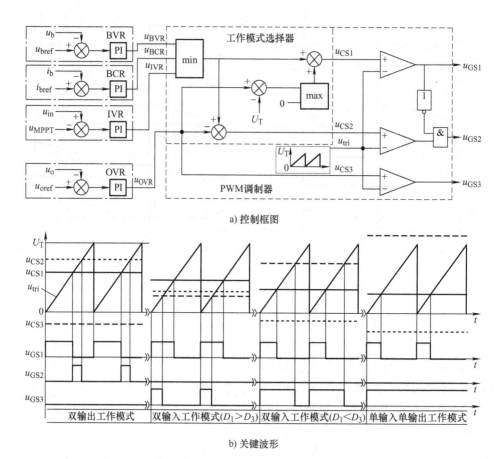

a) 控制框图

b) 关键波形

图 3-15 Boost-TPC 系统功率控制和 PWM 电路关键波形

工作模式 1：蓄电池电流 $i_b$ 和电压 $u_b$ 都没有达到设定的最大值，因此，BCR 和 BVR 将处于正饱和状态而输出最大值，此时 IVR 的输出 $u_{IVR}$ 是 BCR、BVR 和 IVR 三个调节器输出中的最小值，从而使得 $u_{CS1} = u_{IVR}$，并通过调节 $S_1$ 的占空比实现输入源的 MPPT；由于开关管 $S_2$ 的占空比大于零，OVR 的输出 $u_{OVR}$ 为负值，此时通过调节 $S_2$ 的占空比实现负载端电压的控制。注意到，$S_2$ 的占空比与输出电压（或功率）成反比，这与式(3-10) 所示的逻辑关系是一致的。

工作模式 2：当蓄电池端电流 $i_b$（或电压 $u_b$）达到设定的最大值时，若 $p_{in}$ 继续增大，则 BCR 的输出 $u_{BCR}$（或 BVR 的输出 $u_{BVR}$）将减小，并成为 3 个调节器中的最小值，从而使得 $u_{CS1} = u_{BCR}$（或 $u_{CS1} = u_{BVR}$）。此时由于 $S_1$ 的占空比减小，输入电压将高于 MPPT 控制器输出的电压基准，IVR 将处于正饱和，系统自动退出 MPPT 控制，进入蓄电池充电控制模式。

工作模式 3：根据控制逻辑可知，当 $p_{in}$ 减小时，OVR 的输出 $u_{OVR}$ 将增大使得 $S_2$ 的占空比减小以减小蓄电池端的充电功率，从而维持负载端电压稳定；当 $p_{in} =$

$p_o$ 时，$S_2$ 的占空比减小到零，$u_{CS2} = u_{CS1}$、$u_{OVR} = 0$；若 $p_{in}$ 继续减小，系统进入双输入工作模式，蓄电池放电，$i_b$、$u_b$ 均不会达到最大值，$u_{CS1} = u_{IVR}$，输入源工作在 MPPT 状态，OVR 的输出 $u_{OVR} > 0$，使得 $S_3$ 的占空比大于零。此时可以通过改变 $S_3$ 的占空比，调节蓄电池输出功率、实现输出电压的稳定。

工作模式 4：当 $p_{in}$ 继续减小时，$u_{OVR}$ 继续增大以增加 $S_3$ 的占空比、增大蓄电池输出功率，从而维持输出电压的稳定。当 $p_{in} = 0$ 时，$S_3$ 的占空比等于 1，负载功率全部由蓄电池提供，同时 $u_{CS1}$ 自动转入由 $u_{OVR}$ 控制的状态，此时通过调节 $S_1$ 的占空比实现输出电压的稳定。

上述分析表明：图 3-15 所示的调制策略能够使 Boost - TPC 工作在所有 4 种不同的工作模式，且能在不同工作模式间自由、平滑地切换。

### 3.2.3.3　实验结果与分析

以航天应用为背景，搭建一台 Boost - TPC 原理样机，样机参数见表 3-1，其中电感、电容参数的选择依据最恶劣工作情况下所允许的最大电流/电压纹波设计，开关管和二极管则依据最高的电压/电流应力条件选择。

表 3-1　Boost - TPC 原理样机参数

| 名　称 | 数　值 |
| --- | --- |
| 输入电压 $U_{in}$/V | 35 ~ 70 |
| 输入功率/W | 0 ~ 1000 |
| 输出电压/V | 100 |
| 输出功率/W | 0 ~ 500 |
| 蓄电池电压/V | 70 ~ 100 |
| 开关管 $S_1$ ~ $S_3$ | FDP2532 |
| 二极管 $VD_o$，$VD_b$ | STP20150 |
| 二极管 $VD_{in}$ | 40CTQ150 |
| 滤波电感 $L_f$/μH | 50 |
| 滤波电容 $C_{in}$，$C_b$/μF | 330 |
| 滤波电容 $C_o$/μF | 660 |
| 开关频率/kHz | 100 |

图 3-16 给出了变换器在不同工作模式下的稳态实验波形。图 3-16a 为双输出模式下的稳态实验波形，开关管 $S_1$ 和 $S_2$ 交替导通，此时开关管 $S_3$ 保持关断；图 3-16b 为双输入工作模式下 $S_1$ 占空比大于 $S_3$ 占空比的实验波形，图 3-16c 为双输入工作模式下 $S_1$ 占空比小于 $S_3$ 占空比的实验波形；图 3-16d 为单输入单输出工作模式下的实验波形，此时 $S_3$ 保持长时间导通。从图中所示实验波形可以看到，实验结果与理论分析一致。

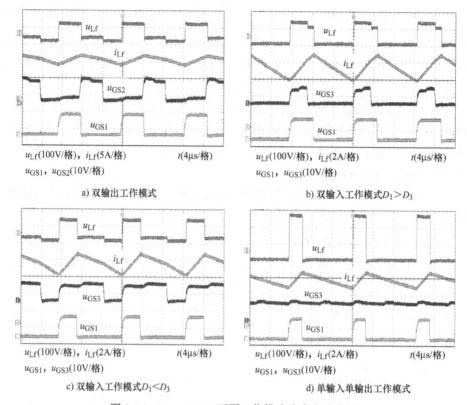

$u_{Lf}(100V/格)$，$i_{Lf}(5A/格)$    $t(4μs/格)$
$u_{GS1}$，$u_{GS2}(10V/格)$

a) 双输出工作模式

$u_{Lf}(100V/格)$，$i_{Lf}(2A/格)$    $t(4μs/格)$
$u_{GS1}$，$u_{GS3}(10V/格)$

b) 双输入工作模式$D_1 > D_3$

$u_{Lf}(100V/格)$，$i_{Lf}(2A/格)$    $t(4μs/格)$
$u_{GS1}$，$u_{GS3}(10V/格)$

c) 双输入工作模式$D_1 < D_3$

$u_{Lf}(100V/格)$，$i_{Lf}(2A/格)$    $t(4μs/格)$
$u_{GS1}$，$u_{GS3}(10V/格)$

d) 单输入单输出工作模式

图 3-16　Boost - TPC 不同工作模式稳态实验波形

变换器在双输出工作模式和双输入工作模式之间切换的实验波形如图 3-17 所示。双输出工作模式下，$S_2$ 导通、$S_3$ 保持关断；切换到双输入工作模式时，$S_2$ 关断、$S_3$ 工作。变换器在双输入工作模式和单输入单输出工作模式之间切换的实验波形如图 3-18 所示，期间 $S_2$ 保持关断，双输入模式下 $S_3$ 工作在开关状态，单输入单输出工作模式下 $S_3$ 保持长时间导通。实验结果表明：变换器可以在不同工作模式之间平滑切换，且模式切换期间输出电压保持稳定，蓄电池功率自动跟随输入功率变化。

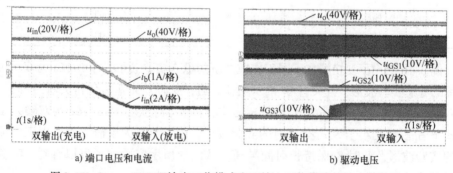

a) 端口电压和电流

b) 驱动电压

图 3-17　Boost - TPC 双输出工作模式和双输入工作模式切换实验波形

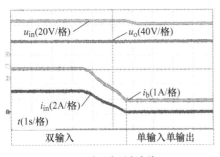
a) 端口电压和电流

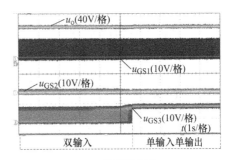
b) 驱动电压

图 3-18　Boost-TPC 双输入工作模式和单输入单输出工作模式切换实验波形

图 3-19 给出了变换器在输入源端 MPPT 控制模式与蓄电池端恒流充电控制模式之间切换的实验波形。图 3-19a 为 MPPT 控制切入恒流充电控制的实验波形，图 3-19b 为恒流充电控制切入 MPPT 控制的实验波形。设定蓄电池端最大充电电流为 2A，当蓄电池充电电流小于 2A 时进行 MPPT 控制，当输入端功率增大、充电电流增加到 2A 时，系统自动转入恒流充电控制，输入电压不再受控。从图中所示实验结果可知，切换过程中输出电压保持恒定，切换过程平滑。

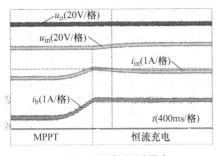
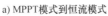
a) MPPT模式到恒流模式

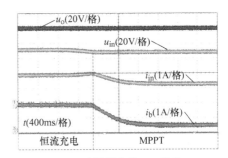
b) 恒流模式到MPPT模式

图 3-19　Boost-TPC MPPT 控制与蓄电池恒流充电控制切换实验波形

## 3.3　基于双输出变换器的非隔离 TPC 拓扑

### 3.3.1　拓扑构成原理

DOC 的功率流向图如图 3-20a 所示。从图中可以看到，DOC 建立了输入端到两个输出端的功率流，这两条功率流与 TPC 所建立的输入源到负载端和输入源到双向端两条功率流相同。对比图 3-1 和图 3-20a 可知，只需要在 DOC 的基础上进一步建立两个输出端之间的功率流就可以构造出 TPC，如图 3-20 所示。

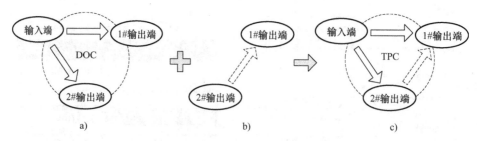

图 3-20  基于 DOC 的 TPC 拓扑生成过程

从 DOC 的拓扑结构来看，DOC 是由两个输出端和一个公共的输入端构成的，因此，任意两个输入端具有相同结构的基本变换器都可以组合/集成构成一个 DOC。注意到，Boost、Buck/Boost、Cuk、Zeta 和 Sepic 等变换器的输入端都是由一个电感和一个开关管串联构成的，也即这些变换器的输入端具有相同的电路结构。若将这些变换器输入结构相同的部分电路复用，而各个变换器的输出侧仍彼此独立，就能构成 DOC 拓扑。需要注意的是，在构成 DOC 拓扑时，为了同时实现两个输出的功率控制，也需要引入适当的二次调整开关。图 3-21 给出了由 Boost 变换器和其他变换器组合构成的 DOC 拓扑实例。以图 3-21a 所示拓扑为例：该拓扑由 Boost 和 Buck/Boost 变换器组合构成，为了同时实现两个输出端的功率控制，在原 Boost 输出支路上进一步引入了二次调整开关 $S_2$。

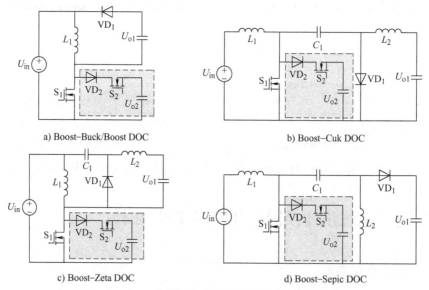

a) Boost–Buck/Boost DOC

b) Boost–Cuk DOC

c) Boost–Zeta DOC

d) Boost–Sepic DOC

图 3-21  Boost 变换器与其他变换器构成的 DOC 拓扑

### 3.3.2  拓扑构造实例

基于非隔离 DOC 拓扑，并引入一个非隔离直流变换器建立 DOC 两个输出端之间的功率流，就可以构造出非隔离 TPC 拓扑。与 DIC 类似，只有两个输出端具有公共连接点的 DOC 才可以用来构造非隔离 TPC。

图 3-22 给出了由 Boost – DOC 与 Boost 变换器组合构成的 TPC 拓扑实例，其中图 3-22a 为两者直接组合得到的 TPC 拓扑。按照组合式 TPC 拓扑的优化方法，将图 3-22a 所示拓扑进一步优化，也可以得到与图 3-4 所示拓扑相同的电路结构，如图 3-22b 所示。上述拓扑生成和优化的过程表明，基于 DIC 和 DOC 构造 TPC 拓扑的两种方法在本质上是一致的，它们与第 2 章所述的组合构造法也是一致的。从上述拓扑构造过程来看，DIC 和 DOC 可以看做由两端口变换器组合构造 TPC 的中间过程，而 TPC 拓扑本身也可以看做是由 DIC 和 DOC 两种电路组合-优化后得到的。

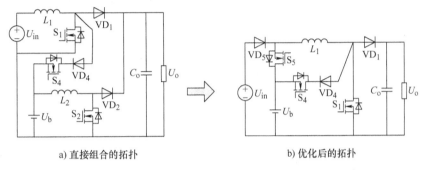

a) 直接组合的拓扑          b) 优化后的拓扑

图 3-22 Boost – DOC 与 Boost 变换器组合构成的 TPC 拓扑

参照上述过程，基于图 3-21 所示的 DOC 拓扑，可以得到一系列具有高集成度且能够实现任意两个端口之间单级功率变换的非隔离 TPC 拓扑，其中的部分拓扑实例如图 3-23 所示。

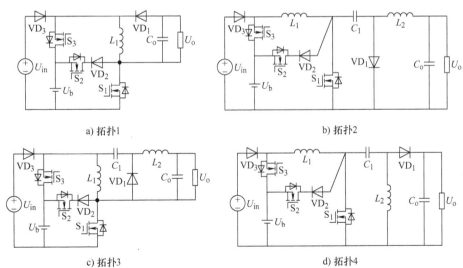

a) 拓扑1          b) 拓扑2

c) 拓扑3          d) 拓扑4

图 3-23 由 DOC 拓扑组合-优化得到的 TPC 拓扑实例

## 3.4 基于双向变换器的非隔离 TPC 拓扑

### 3.4.1 拓扑构成原理

　　BC 的功率流向图如图 3-24a 所示。从图中可以看到，BC 中的两个端口互为双向。但在 TPC 中只有一个双向端，而 TPC 中的输入端和输出端两者合并起来可以等效看做另外一个双向端。因此，基于 BC 构造 TPC 拓扑时，需要首先将 BC 中的一个双向端口裂解为两个端口，并将其分别与 TPC 的输入端和输出端相连，然后再进一步建立输入端和输出端之间的功率流，即可构造出 TPC 拓扑，拓扑构造过程如图 3-24 所示。

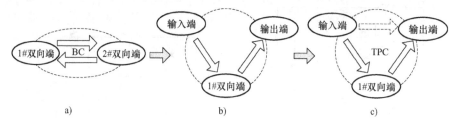

图 3-24　基于 BC 的 TPC 拓扑构造过程

　　4 种基本的非隔离 BC 电路拓扑如图 3-25 所示。由图中可以看到，传统的 BC 都是电压源变换器，BC 中的双向端口要么和电感相连，要么和开关管相连。

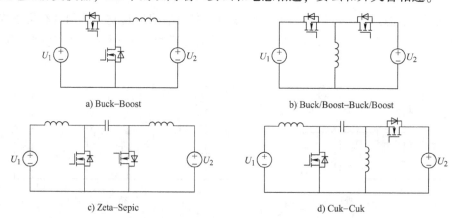

a) Buck–Boost　　　　b) Buck/Boost–Buck/Boost
c) Zeta–Sepic　　　　d) Cuk–Cuk

图 3-25　基本 BC 电路拓扑

　　对于端口是电感的 BC，可以采用图 3-26 所示的方式将双向端口裂解为两个单向端口，对于端口是开关管的 BC，可以采用图 3-27 所示的三种方式将双向端口裂解为两个单向端口。

　　图 3-26 和图 3-27a 所示的

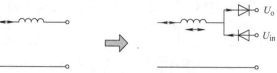

图 3-26　双向变换器电感端口的裂解方式

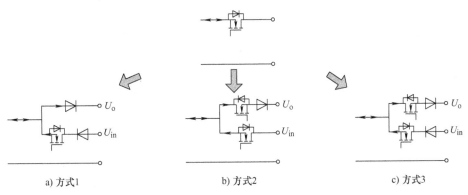

a) 方式1　　　　　　　　　b) 方式2　　　　　　　　　c) 方式3

图 3-27 双向变换器开关端口的裂解方式

方式 1 裂解方式适合端口电压满足 $U_o > U_{in}$ 的场合，图 3-27b 所示的方式 2 适合 $U_o < U_{in}$ 的应用场合，图 3-27c 所示的方式 3 则对 $U_o$ 和 $U_{in}$ 的大小关系没有限制。

## 3.4.2 拓扑构造实例

图 3-28 给出了基于 Buck – Boost BC 生成的非隔离 TPC 拓扑实例。图 3-28a 中首先将 Buck – Boost BC 与电感相连一侧的双向端裂解，并将裂解后的两个端口分

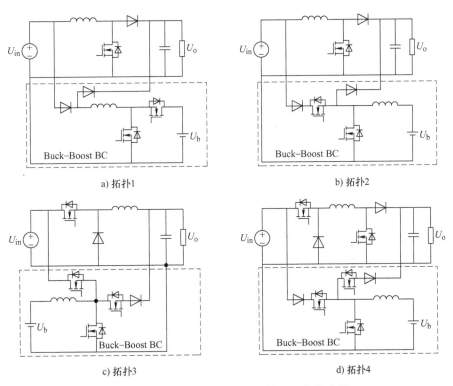

a) 拓扑1　　　　　　　　　　　　　　　b) 拓扑2

c) 拓扑3　　　　　　　　　　　　　　　d) 拓扑4

图 3-28 基于 Buck – Boost BC 的 TPC 拓扑实例

别与 $U_{in}$ 和 $U_o$ 端相连，然后再利用 Boost 变换器建立 $U_{in}$ 和 $U_o$ 两端口之间的功率流，从而构成 TPC。图 3-28b ~ d 则是首先将 Buck – Boost BC 与开关管相连一侧的双向端分别按照图 3-27 所示的方式 1、方式 2 和方式 3 裂解，并将裂解后的两个端口分别与 $U_{in}$ 和 $U_o$ 相连，然后再分别与 Boost 变换器、Buck 变换器以及双向 Buck – Boost 变换器组合构成 TPC 拓扑。图 3-28 所示拓扑都能够实现任意端口之间的单级功率变换，相对于传统的将双向变换器直接并联到单向变换器输入端或输出端的解决方案，图 3-28 所示的解决方案减小了功率变换的级数，能够实现更高的系统效率。

基于图 3-25 所示的非隔离 BC 拓扑，并按照上述拓扑生成方法，还可以得到其他类型的 TPC 拓扑，这些拓扑都能实现任意端口之间单级功率变换，具体拓扑形式不再一一列出。

### 3.4.3　典型拓扑分析与实验

将图 3-28c 所示 TPC 重画，如图 3-29 所示。图 3-29 所示的变换器由 Buck 变换器与双向 Buck – Boost 变换器构成，输入源到蓄电池和负载的等效功率电路为 Buck 变换器，蓄电池到负载的等效功率电路为 Boost 变换器，将该变换器称为 $B^3$– TPC。

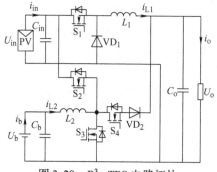

图 3-29　$B^3$– TPC 电路拓扑

#### 3.4.3.1　工作原理

$B^3$– TPC 在不同工作模式下的等效电路如图 3-30 所示。

1. 双输出工作模式

$B^3$– TPC 在双输出工作模式下的等效电路如图 3-30a 所示：输入源同时给负载和蓄电池供电，蓄电池充电，因此开关管 $S_4$ 保持关断，此时变换器等效为两个输入端并联的 Buck 变换器，$S_1$ 和 $S_2$ 分别为两个 Buck 变换器的主开关管，通过调节 $S_1$ 的占空比可以实现输入源的 MPPT 控制或蓄电池充电控制，调节 $S_2$ 的占空比则可以进一步实现负载端的电压/功率控制。

2. 双输入工作模式

$B^3$– TPC 在双输入工作模式的等效电路如图 3-30b 所示：输入源和蓄电池同时向负载供电，蓄电池放电，因此开关管 $S_2$ 保持关断、$S_4$ 保持导通，此时变换器等效为输出端并联的 Buck 和 Boost 组合变换器，$S_1$ 和 $S_3$ 分别为 Buck 变换器和 Boost 变换器的主开关管，调节 $S_1$ 实现输入源的 MPPT 控制，调节 $S_3$ 的占空比可以实现负载端电压的调节。

3. 单输入单输出工作模式

$B^3$– TPC 在单输入单输出工作模式的等效电路如图 3-30c 所示：蓄电池单独向负载供电，$S_1$、$S_2$ 保持关断、$S_4$ 保持导通，$S_3$ 工作在开关状态，变换器等效为 Boost 变换器。

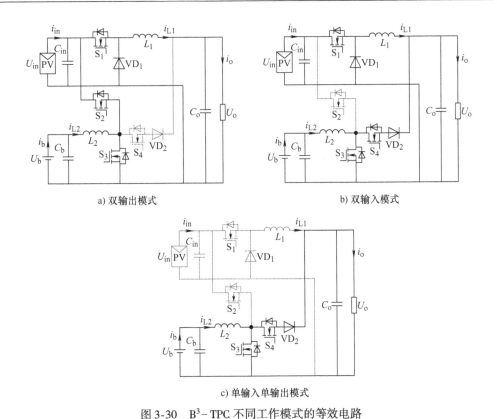

a) 双输出模式        b) 双输入模式

c) 单输入单输出模式

图 3-30   $B^3$- TPC 不同工作模式的等效电路

通过上述分析可知，$B^3$- TPC 中一共存在两个 Buck 变换器和一个 Boost 变换器，同一时刻最多有两个变换器处于工作状态，但 3 个变换器的主开关管各不相同。

### 3.4.3.2  PWM 策略

$B^3$- TPC 的控制框图如图 3-31 所示。开关管 $S_1$ 一直用来调节输入源的功率，蓄电池作为功率调节装置，通过 $S_2 \sim S_4$ 相互配合共同实现负载端的稳定。与 Boost - TPC 的控制类似，引入竞争机制，采用最小值选择器自动选择 $u_{IVR}$、$u_{BVR}$ 和 $u_{BCR}$ 中的最小值作为 $S_1$ 的控制电压。

开关管 $S_2$、$S_3$ 和 $S_4$ 需要共同配合实现负载端电压的控制，3 个开关管的占空比和开关时序是相互关联的，需要统一考虑，其调制策略的原理波形如图 3-32 所示。在双输出模式下，$S_2$ 为主开关管，$S_3$ 既可以保持关断、利用其体二极管实现电感电流续流，也可以作为同步整流管与 $S_2$ 互补导通，而 $S_4$ 则始终保持关断。在图 3-32 所示调制策略中，$S_3$ 只在电感 $L_2$ 电流连续时作为同步整流管工作、在电感 $L_2$ 电流断续时保持关断。在双输入工作模式以及单输入单输出工作模式下，$S_2$ 关断、$S_4$ 导通、$S_3$ 作为主开关管。图 3-32 中采用两个交叠的载波 $u_{tri2}$ 和 $u_{tri3}$ 分别实现 $S_2$ 和 $S_3$ 的调制，使变换器能够在双输出模式和双输入模式之间平滑切换，当 $u_{OVR}$ 大于 0 时变换器工作在双输入或单输入单输出模式，当 $u_{OVR}$ 小于 0 时变换器工作在双输出模式。

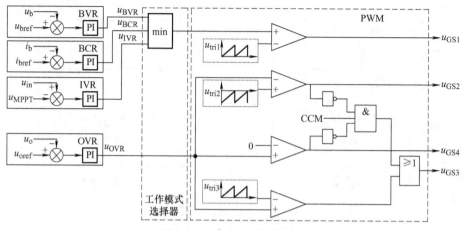

图 3-31　$B^3-$TPC 控制框图

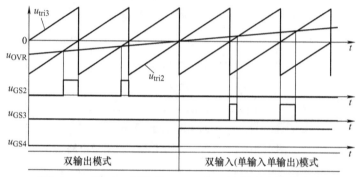

图 3-32　$B^3-$TPC 开关管 $S_2$、$S_3$ 和 $S_4$ 调制电路关键波形

### 3.4.3.3　实验结果与分析

搭建了一台 $B^3-$TPC 原理样机，样机主要参数见表3-2。

表3-2　$B^3-$TPC 原理样机参数

| 名　　称 | 数值/型号 |
| --- | --- |
| 输入电压 $u_{in}$/V | 30 ~ 60 |
| 输入功率/W | 0 ~ 500 |
| 输出电压 $u_o$/V | 28 |
| 输出功率 $P$/W | 0 ~ 500 |
| 蓄电池电压 $u_b$/V | 20 ~ 28 |
| 开关管 $S_1$ ~ $S_4$ | IPP139N08N3 |
| 二极管 $VD_1$，$VD_2$ | MBR40100CT |
| 滤波电感 $L_1$/μH | 40 |
| 滤波电感 $L_2$/μH | 65 |
| 滤波电容 $C_{in}$，$C_b$，$C_o$/μF | 470 |
| 开关频率/kHz | 100 |

图 3-33 给出了 B³－TPC 在不同工作模式下的稳态实验波形。图 3-33a 和图 3-33b 为双输出模式下的稳态实验波形，其中图 3-33a 中电感 $L_2$ 工作在电流连续状态，此时开关管 $S_3$ 作为同步整流管与 $S_2$ 互补导通，图 3-33b 中电感 $L_2$ 工作在电流断续状态，$S_3$ 保持关断、利用 $S_2$ 的体二极管续流。图 3-33c 为双输入模式下的稳态实验波形，此时 $S_1$ 与 $S_3$ 都工作在开关状态。图 3-33d 为单输入单输出模式下的实验波形，此时 $S_4$ 长时间导通，只有 $S_3$ PWM 工作，变换器等效于传统的 Boost 变换器。

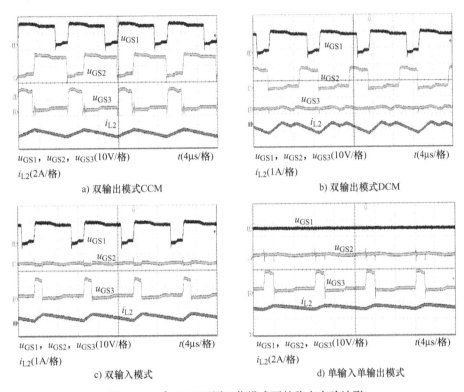

a) 双输出模式CCM

b) 双输出模式DCM

c) 双输入模式

d) 单输入单输出模式

图 3-33 B³－TPC 不同工作模式下的稳态实验波形

图 3-34 给出了变换器从双输出模式到双输入模式、再到单输入单输出模式的连续过渡过程。从图中结果可知，输入源输入的功率发生变化时，蓄电池功率能够自动跟随输入源功率快速变化，保持负载端功率的稳定。变换器可以在不同工作模式之间快速平滑切换，蓄电池功率能够快速跟随输入功率变化，及时吸收多余功率、

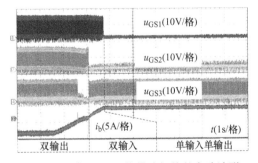

图 3-34 B³－TPC 工作模式切换的实验波形

补充不足功率，实现任意模式下及模式切换期间输出电压的稳定。

## 3.5　本章小结

　　本章以非隔离 TPC 的拓扑衍生为例，深入研究了基于"组合–优化法"的 TPC 拓扑构造的具体方法和过程。通过分析 TPC 的端口功率流特性，发现了 TPC 对输出端、输入端和双向端所表现出的双输入变换器、双输出变换器和双向变换器特性，因此非隔离 TPC 可以经由以下 3 种具体途径构造：双输入变换器与两端口变换器组合、双输出变换器与两端口变换器组合以及裂解双向变换器其中的一个双向端口并将其与两端口变换器组合，验证了以器件复用和功率传输路径集成为拓扑优化准则可以实现拓扑的集成和优化。应用上述方法，推导并得到了一系列高集成度且任意两端口之间单级功率变换的非隔离 TPC 拓扑族。源于不同的升压式、降压式和升降压式的两端口变换器组合，所构造的 TPC 拓扑可以满足不同的端口电压关系、电流电压应力等各种应用需求。

# 第4章 半桥型三端口直流变换器

控制变量重构法可以用于在包含冗余功率传输通路的两端口变换器的基础上构造 TPC 拓扑。本章将以半桥变换器为例，深入研究构造新的独立控制变量的思路和具体方法，由此获取一系列新型半桥三端口直流变换器。

## 4.1 概述

若将 HBC 变压器一次侧的励磁电感看做滤波电感，则发现 HBC 中一共存在 4 个功率端口，如图 4-1 所示。其中任意两个端口之间都存在功率传输通路，这些功率通路为构造 TPC 提供了条件。

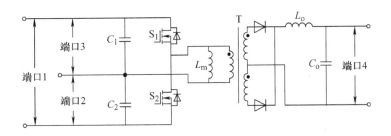

图 4-1　半桥变换器中的功率端口

利用 $S_1$、$S_2$ 和 $L_m$ 构成的双向开关单元，图 4-1 所示 HBC 中的端口 1、端口 2 和端口 3 任意两者之间都可以实现双向功率变换，且三个端口都能够向端口 4 传输功率。因此，端口 1、端口 2 和端口 3 可以作为输入端、输出端或双向端的备选端口，而端口 4 只能作为输出端。所以，只需要将图 4-1 中的端口 4 与负载端相连，将端口 1、端口 2 和端口 3 中的任意两个端口分别作为输入端（连接主电源）和双向端（连接储能端），就可以得到半桥式 TPC 的原始电路拓扑。若依据主电源与负载以及主电源与蓄电池之间的等效功率传输电路形式对所构成的半桥 TPC 命名，则根据端口 1、端口 2 和端口 3 与主电源和蓄电池的不同连接方式，得到表 4-1 所示的 3 类半桥 TPC：半桥-Buck TPC、正反激-Buck/Boost TPC 和正反激-Boost TPC。各种类型的半桥 TPC 电路拓扑的具体连接方式如图 4-2 所示。

**表 4-1　端口连接方式与构成的半桥 TPC 拓扑类型**

| 端口 1 | 端口 2 | 端口 3 | TPC 类型 |
|---|---|---|---|
| $U_{in}$ | $U_b$ | — | 半桥–Buck |
| $U_{in}$ | — | $U_b$ | 半桥–Buck |
| — | $U_{in}$ | $U_b$ | 正反激–Buck/Boost |
| $U_b$ | $U_{in}$ | — | 正反激–Boost |
| $U_b$ | — | $U_{in}$ | 正反激–Boost |
| — | $U_b$ | $U_{in}$ | 正反激–Buck/Boost |

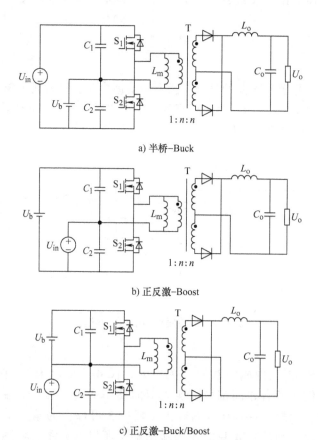

a) 半桥–Buck

b) 正反激–Boost

c) 正反激–Buck/Boost

图 4-2　半桥 TPC 的原始电路拓扑

　　由于传统 HBC 只有一个开关管的占空比可以独立调节，无法满足 TPC 在双输入和双输出工作模式下的功率控制需求。为此，需要对 HBC 电路拓扑或控制方式做进一步改进，重新构建出 TPC 所需要的功率控制变量，使其能够同时提供两个独立的控制变量。HBC 电路中的控制变量即开关管的占空比，因此 HBC 电路拓扑改进的目标，是使得电路中同时有两个开关管的占空比可以独立调节。具体采用如下方法：①在不增加器件数量的前提下，改变 HBC 原有开关管的控制方式，使得两个开关管的占空比可以各自独立调节，从而形成两个独立的控制变量；②在不改变 HBC 原有开关管工作方式的基础上，额外引入辅助开关支路并提供所需的控制变量；③综合应用上述两种方法，同时改进拓扑结构及控制方式，构造出新的、可用的控制变量。

## 4.2　同步整流式半桥 TPC 拓扑族

### 4.2.1　拓扑生成

以图 4-2a 所示的半桥-Buck 型半桥 TPC 为例，该半桥 TPC 不能同时提供两个独立控制变量的原因在于一次侧两个开关管 $S_1$、$S_2$ 的占空比相互耦合，即其中一个开关管的占空比决定了另一个开关管的占空比。假设 $S_1$ 与 $S_2$ 的占空比可以独立控制，变压器一、二次侧匝数比为 $1:n:n$，根据励磁电感 $L_m$ 和输出滤波电感 $L_o$ 的伏秒平衡可以得到

$$U_b = \frac{D_1}{D_1 + D_2}U_{in} = \frac{1}{1 + \dfrac{D_2}{D_1}}U_{in} \tag{4-1}$$

$$U_o = n\left[D_1\left(U_{in} - U_b\right) + D_2 U_b\right] = 2nD_2 U_b \tag{4-2}$$

由式（4-1）和（4-2）可知，若 $S_1$ 与 $S_2$ 的占空比可以独立控制，则可以同时实现其中任意两个端口的独立控制。$S_1$ 与 $S_2$ 独立控制，则意味着两个开关管不能互补导通，则必然存在 $S_1$ 与 $S_2$ 均不导通的工作模式。对于变换器一次侧的等效 Buck 变换器，当其工作于电感电流连续模式时，需要在两开关管均不导通时，为变压器励磁电感电流提供续流通路，使得此时变压器绕组电压钳位在零电压。

对于图 4-2a 所示半桥 TPC 原始电路，若 $S_1$ 和 $S_2$ 都关断时，二次侧两个续流二极管能够同时导通，则可以实现变压器绕组电压钳位，同时为励磁电流提供续流通路。续流二极管能够同时导通的前提是两个二极管的电流都大于零，然而，当励磁电感电流反射到二次侧绕组的电流大于滤波电感电流时，该条件将无法满足。为了在开关管 $S_1$ 和 $S_2$ 都关断期间，变压器二次侧整流电路能够提供励磁电感电流续流通路，只需将图 4-2a 所示半桥 TPC 原始电路二次侧两个二极管用同步整流开关管代替，如图 4-3 所示。当一次侧开关管 $S_1$ 和 $S_2$ 都关断时，若 $S_3$ 和 $S_4$ 同时导通，则可以同时为滤波电感电流和一次侧励磁电感电流提供续流通路。按照该方式构成的半桥 TPC 称为同步整流式半桥 TPC。同步整流

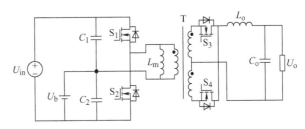

图 4-3　同步整流式半桥 TPC 电路拓扑

式半桥 TPC 拓扑的构造方法同样适用于其他类型的整流电路，图 4-4 给出了采用倍流整流和全桥整流电路的同步整流式半桥 TPC 电路拓扑。需要注意的是，对于全桥整流电路，只需要将 4 个整流二极管中的两个正端二极管或负端二极管用同步整流开关管代替，就可以为变压器励磁电流提供续流通路，图 4-4b 给出的是将整流电路负端两个二极管用同步整流管实现的方案。

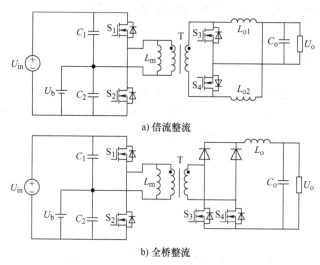

图 4-4    其他形式的同步整流式半桥 TPC 电路拓扑

将上述方法应用于图 4-2b 和 c 所示的正反激-Boost、正反激-Buck/Boost 类半桥 TPC 原始拓扑，则可以得到图 4-5 和图 4-6 所示的一系列同步整流式半桥 TPC 拓扑族。

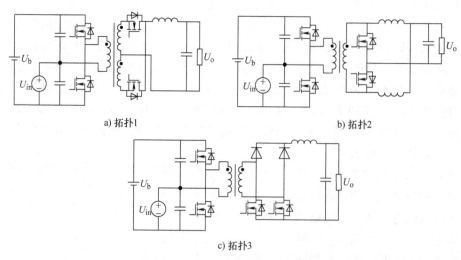

图 4-5    正反激-Boost 类同步整流式半桥 TPC 拓扑族

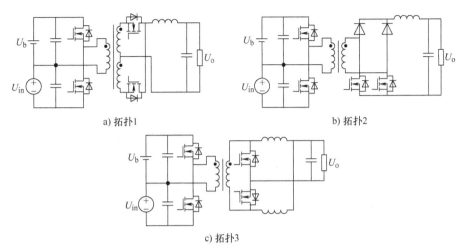

a) 拓扑1　　　　　　　　　　　　　　　b) 拓扑2

c) 拓扑3

图 4-6　正反激-Buck/Boost 类同步整流式半桥 TPC 拓扑族

相对于传统 HBC，同步整流式半桥 TPC 无须增加器件的数量，拓扑结构简洁、功率密度高。对于低电压大电流输出等应用场合，采用同步整流技术还能够有效降低导通损耗、提高变换效率。因此，同步整流式半桥 TPC 特别适合于输出电压较低、电流较大的应用场合。

## 4.2.2　典型拓扑分析与实验

以图 4-3 所示同步整流式半桥三端口变换器（Synchronous- Rectification Half-Bridge Three-Port Converter，SR-HB-TPC）拓扑为例进行分析和实验，验证拓扑和方法的有效性，将其重画如图 4-7 所示。

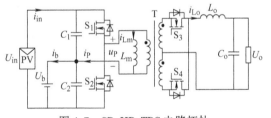

### 4.2.2.1　工作原理

SR-HB-TPC 的三个端口分别与主电源（$U_{in}$）、蓄电池（$U_b$）

图 4-7　SR-HB-TPC 电路拓扑

和负载（$U_o$）相连，两两端口之间的等效功率传输电路如图 4-8 所示。从图中可知，$U_{in}$ 和 $U_o$ 之间的等效功率传输电路为传统的 HBC，如图 4-8a 所示；$U_{in}$ 和 $U_b$ 之间的等效功率传输电路为 Buck 变换器，如图 4-8b 所示；而 $U_b$ 和 $U_o$ 之间的等效功率传输电路为正反激变换器（Forward-Flyback Converter，FFC），如图 4-8c 所示。

变换器工作于双输出模式时，输入源同时向负载和蓄电池供电，SR-HB-TPC 工作在 HBC 和 Buck 混合状态；随着输入源输入功率 $p_{in}$ 的减小，输入源以 Buck 模式向蓄电池传输的功率不断减小，直到为零。随着 $p_{in}$ 的进一步减小，变换器进入双输入模式，输入源的功率 $p_{in}$ 全部以 HBC 方式供给负载，不足的功率则由蓄电池

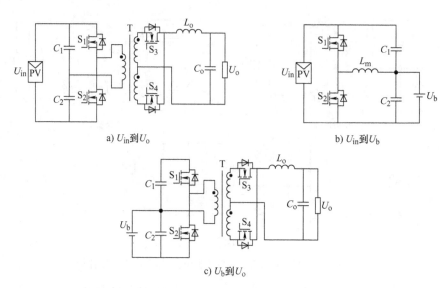

a) $U_{in}$到$U_o$          b) $U_{in}$到$U_b$

c) $U_b$到$U_o$

图4-8  SR-HB-TPC 两两端口之间等效功率传输电路

以 FFC 方式提供给负载，此时变换器工作在 HBC 和 FFC 混合状态；当 $p_{in}$ 减小到 0 时，变换器仅以 FFC 方式工作。

SR-HB-TPC 的一次侧开关管 $S_1$ 和 $S_2$ 的占空比各自独立控制，根据开关时序的不同，变换器共有 3 种可能的开关方式，如图 4-9 所示。

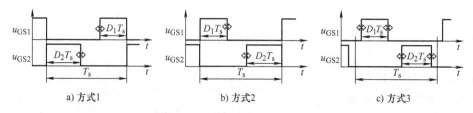

a) 方式1        b) 方式2        c) 方式3

图4-9  SR-HB-TPC 一次侧开关管的3种开关时序

图 4-9a 所示开关方式 1：在每个开关周期，$S_1$ 的关断时刻固定，通过调节 $S_1$ 的开通时刻调节其占空比；$S_2$ 的开通时刻固定，通过调节 $S_2$ 的关断时刻调节其占空比，且 $S_1$ 的关断和 $S_2$ 的开通互补，即 $S_1$ 关断后 $S_2$ 即开通。该开关方式下 $S_2$ 的工作方式与不对称半桥变换器开关桥臂下开关管类似，若 $S_1$ 的关断时刻和 $S_2$ 的开通时刻之间加入适当的死区时间，$S_2$ 将有可能实现零电压开关（Zero-Voltage-Switching，ZVS）。

图 4-9b 所示开关方式 2：在每个开关周期，$S_1$ 的开通时刻固定，通过调节 $S_1$ 的关断时刻调节其占空比；$S_2$ 的关断时刻固定，通过调节 $S_2$ 的开通时刻调节其占空比，且 $S_1$ 的开通与 $S_2$ 的关断是互补的。此时 $S_1$ 的工作方式与不对称半桥开关桥臂上开关管类似，因此，若 $S_2$ 的关断时刻和 $S_1$ 的开通时刻之间加入适当的死区时

间，$S_1$ 将有可能实现 ZVS。

图 4-9c 所示开关方式 3：在每个开关周期，$S_1$ 和 $S_2$ 的开通、关断时刻都不固定，两者的开通、关断时刻之间无直接关联。此时，$S_1$ 和 $S_2$ 的工作方式与对称工作半桥变换器中一次侧两开关管工作方式相似，两个开关管都工作在硬开关状态。

从减小变换器开关损耗、提高效率的角度，开关方式 1 和开关方式 2 比开关方式 3 更具有优势。以开关方式 1 所示的开关时序为例，详细分析变换器在不同工作模式下的工作原理。

### 1. 双输出模式

变换器在双输出模式下的主要工作波形如图 4-10 所示。忽略变压器漏感和开关管寄生电容，在一个开关周期内，变换器共有 3 个主要开关模态，各模态等效电路如图 4-11 所示。

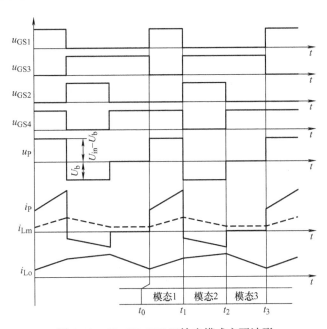

图 4-10　SR-HB-TPC 双输出模式主要波形

开关模态 1 $[t_0, t_1]$：如图 4-11a 所示，$t_0$ 时刻之前，$S_1$、$S_2$ 关断，$S_3$、$S_4$ 开通，滤波电感电流 $i_{Lo}$ 和励磁电感电流 $i_{Lm}$ 均通过 $S_3$ 和 $S_4$ 续流；$t_0$ 时刻，$S_1$ 开通、$S_4$ 关断，$i_{Lm}$ 和 $i_{Lo}$ 满足

$$\begin{cases} \dfrac{di_{Lm}}{dt} = \dfrac{U_{in} - U_b}{L_m} \\[2mm] \dfrac{di_{Lo}}{dt} = \dfrac{n(U_{in} - U_b) - U_o}{L_o} \end{cases} \tag{4-3}$$

流过开关管 $S_1$ 和 $S_3$ 的电流 $i_{S1}$、$i_{S3}$

$$\begin{cases} i_{S1} = i_{Lm} + ni_{Lo} \\ i_{S3} = i_{Lo} \end{cases} \tag{4-4}$$

开关模态 2[$t_1$, $t_2$]：如图 4-11b 所示，$t_1$ 时刻，$S_1$、$S_3$ 关断，$S_2$、$S_4$ 开通，$i_{Lm}$ 和 $i_{Lo}$ 满足

$$\begin{cases} \dfrac{di_{Lm}}{dt} = -\dfrac{U_b}{L_m} \\ \dfrac{di_{Lo}}{dt} = \dfrac{nU_b - U_o}{L_o} \end{cases} \tag{4-5}$$

流过开关管 $S_2$ 和 $S_4$ 的电流 $i_{S2}$、$i_{S4}$

$$\begin{cases} i_{S2} = ni_{Lo} - i_{Lm} \\ i_{S4} = i_{Lo} \end{cases} \tag{4-6}$$

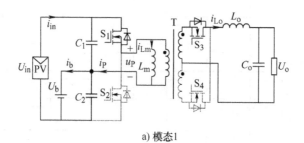

a) 模态1

b) 模态2

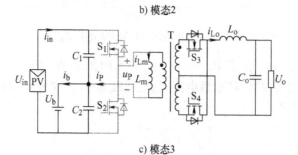

c) 模态3

图 4-11  SR-HB-TPC 双输出模式各工作模态等效电路

开关模态 $3[t_2, t_3]$：如图 4-11c 所示，$t_2$ 时刻，$S_2$ 关断，$S_3$ 开通，变压器一次侧绕组电压被钳位为零，$i_{Lo}$ 和 $i_{Lm}$ 通过 $S_3$ 和 $S_4$ 续流，$i_{Lm}$ 和 $i_{Lo}$ 满足

$$\begin{cases} \dfrac{\mathrm{d}i_{Lm}}{\mathrm{d}t} = 0 \\ \dfrac{\mathrm{d}i_{Lo}}{\mathrm{d}t} = -\dfrac{U_o}{L_o} \end{cases} \tag{4-7}$$

流过开关管 $S_3$ 和 $S_4$ 的电流 $i_{S3}$、$i_{S4}$

$$\begin{cases} i_{S3} = \dfrac{i_{Lo}}{2} - \dfrac{i_{Lm}}{2n} \\ i_{S4} = \dfrac{i_{Lo}}{2} + \dfrac{i_{Lm}}{2n} \end{cases} \tag{4-8}$$

由于 $i_{Lm}$ 通过二次侧 $S_3$ 和 $S_4$ 续流，因此 $i_{S3}$ 和 $i_{S4}$ 的差值即为 $i_{Lm}$ 在变压器二次侧绕组的反射值。

2. 双输入模式

变换器在双输入模式的开关模态以及每个开关模态的等效电路和状态方程与双输出模式相同，两种工作模式的区别在于变压器励磁电流的方向，也即蓄电池的充放电状态。双输入模式下蓄电池放电，励磁电流 $i_{Lm}$ 为负值。图 4-12 给出了变换器在双输入模式的关键波形。

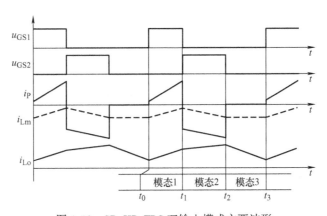

图 4-12　SR-HB-TPC 双输入模式主要波形

3. 单输入单输出模式

单输入单输出模式时蓄电池单独向负载供电，此时变换器的工作原理与 FFC 完全相同，开关管 $S_1$ 和 $S_2$ 互补导通，在每个开关周期内共有两个主要的开关模态。图 4-13 给出了变换器在单输入单输出模式下的关键波形。图中所示模态 1 和模态 2 的工作方式、等效电路以及状态方程与变换器在双输出模式下对应的开关模态 1 和开关模态 2 相同。

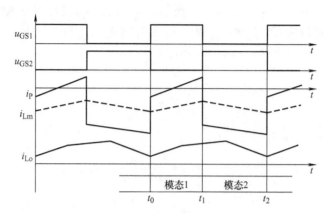

图 4-13　单输入单输出模式主要波形

### 4.2.2.2　特性分析

1. 端口电压关系

设开关管 $S_1$ 和 $S_2$ 的占空比分别为 $D_1$ 和 $D_2$，根据变压器和输出滤波电感的伏秒平衡关系，端口电压关系满足

$$\begin{cases} U_b = \dfrac{D_1}{D_1 + D_2} U_{in} \\[3mm] U_{in} = \dfrac{D_1 + D_2}{D_1} U_b \\[3mm] U_o = 2nD_2 U_b \end{cases} \tag{4-9}$$

根据式(4-9) 可知，$D_1$ 和 $D_2$ 作为两个独立的控制变量，可以分别实现 $U_{in}$、$U_b$ 和 $U_o$ 所对应 3 个端口中任意两个端口的电压或功率控制。考虑到实际蓄电池电压变化缓慢，$U_b$ 可以看做恒压源，则输出电压可以通过 $D_2$ 调节，而输入电压 $U_{in}$ 则可以通过 $D_1$ 进一步调节以实现主电源输出电压或功率的控制，并实现最大功率点跟踪（MPPT）。

2. 软开关特性

开关管 $S_3$ 和 $S_4$ 作为一次侧开关管 $S_1$ 和 $S_2$ 的同步整流管，能够自然实现软开关。

考虑变压器漏感 $L_k$ 和一次侧开关管漏源电容 $C_{DS}$ 时，开关管 $S_1$ 关断后、$S_2$ 开通前的死区时间内，二次侧绕组电流换向，$L_k$ 与开关管寄生电容谐振，变换器等效电路如图 4-14 所示。

从图中可以看到，$S_2$ 可以利用变压器漏感 $L_k$ 实现 ZVS，其 ZVS 条件为

$$\frac{1}{2} L_k (i_{Lm} + ni_{Lo})^2 > C_{DS} U_b^2 \tag{4-10}$$

根据式(4-10)，负载电流 $i_{Lo}$ 越大，$S_2$ 越容易实现 ZVS；$i_{Lm}$ 为正值时，$i_{Lm}$ 越大，$S_2$ 越容易实现 ZVS；$i_{Lm}$ 为负值时，其值越大，$S_2$ 越难实现 ZVS。

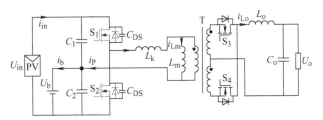

图 4-14 SR-HB-TPC 在死区时间内的等效电路

### 3. 器件应力

SR-HB-TPC 中开关器件的电压应力与传统的半桥变换器相同，但是由于开关管工作状态不对称，开关管的电流应力彼此不同。根据式(4-4)、式(4-6) 和式(4-8) 可以分别计算出各开关管的电流应力。需要注意的是：变换器工作于双输出模式时，蓄电池充电，$I_{Lm}$ 为正值，此时一次侧开关管 $S_1$ 的电流应力大于 $S_2$ 的电流应力；变换器工作于双输入模式和单输入单输出模式时，$I_{Lm}$ 为负值，$S_1$ 的电流应力小于 $S_2$ 的电流应力。

### 4. 变压器设计考虑

与传统的半桥变换器不同，由于变压器的一次侧励磁电感同时用做了滤波电感，变压器的设计必须考虑其励磁电感电流 $I_{Lm}$ 的大小。

根据 SR-HB-TPC 各端口稳态功率关系

$$U_{in}I_{in} = U_bI_b + U_oI_o \tag{4-11}$$

根据开关模态 1 可知

$$I_{in} = D_1(I_{Lm} + nI_o) \tag{4-12}$$

因此

$$I_{Lm} = \frac{I_{in}}{D_1} - nI_o \tag{4-13}$$

另一方面，蓄电池平均电流等于变压器一次侧电流的平均值，因此

$$I_b = D_1(I_{Lm} + nI_o) + D_2(I_{Lm} - nI_o) \tag{4-14}$$

所以，变压器励磁电流平均值还可以表达为

$$I_{Lm} = \frac{I_b - (D_1 - D_2)nI_o}{D_1 + D_2} \tag{4-15}$$

#### 4.2.2.3 控制与调制

基于第 2 章所给出的三端口功率系统功率控制策略，并根据 SR-HB-TPC 的具体工作原理，SR-HB-TPC 的控制策略和 PWM 策略如分别如图 4-15a 和图 4-15b 所示。

如图 4-15a 所示，工作模式选择器在各调节器的输出电压中选取合适的 $u_{CS1}$、$u_{CS2}$ 分别作为开关管 $S_1$、$S_2$ 的调制电压。根据式(4-9)，调节 $D_2$ 可以控制输出电

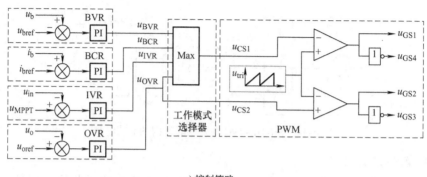

a) 控制策略

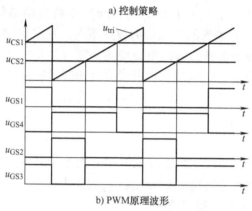

b) PWM原理波形

图 4-15　SR-HB-TPC 控制策略和 PWM 策略

压,因此 OVR 的输出 $u_{OVR}$ 作为占空比 $D_2$ 的调制电压。此外,根据控制电压、比较器和载波的逻辑关系,引入最大值竞争机制,使工作模式选择器自动在 IVR、BVR 以及 BCR 等各个调节器的输出中选取最大值作为 $D_1$ 的调制电压,从而实现变换器在不同工作模式的平滑、无缝切换。当蓄电池电压、电流未达到设置值时,BVR 和 BCR 的输出负饱和,$u_{CS1} = u_{IVR}$,输入源工作于 MPPT 状态;蓄电池电压(或电流)达到设置值时,BVR(或 BCR)的输出自动增大并取代 $u_{IVR}$,使得系统工作于蓄电池充电控制状态。需要注意的是,控制系统需要优先保证负载侧电压的稳定,因此将 OVR 的输出也作为了最大值选择器的输入,当输入源的电压随功率降低时,系统首先进入双输入模式,此时 $u_{CS1} = u_{IVR}$ 且 $u_{IVR} > u_{OVR}$;当输入源电压进一步减小时,$u_{CS1}$ 随 $u_{IVR}$ 进一步减小,直到 $u_{IVR} = u_{OVR}$,此时 $u_{CS1}$ 将自动等于 $u_{OVR}$,也即等于 $u_{CS2}$,变换器将进入 FFC 工作方式,此时将不能实现输入源电压或功率的控制。如图 4-15b 所示,采用锯齿波作为载波信号,所产生的驱动信号的时序与所要求的完全一致,可以满足变换器工作的要求。

#### 4.2.2.4　实验结果与分析

搭建了一台 SR-HB-TPC 原理样机,样机参数见表 4-2。

表 4-2　SR-HB-TPC 原理样机参数

| 名　称 | 数　值 |
| --- | --- |
| 输入电压 $u_{in}/V$ | $25 \sim 35$ |
| 输入功率/W | $0 \sim 200$ |
| 输出电压 $u_o/V$ | 25 |
| 输出功率/W | $0 \sim 120$ |
| 蓄电池电压 $u_b/V$ | $10.5 \sim 13.5$ |
| 开关管 $S_1$，$S_2$ | IPP024N06N3 |
| 开关管 $S_3$，$S_4$ | PHP45NQ15T |
| 滤波电容 $C_1$，$C_2/\mu F$ | 330 |
| 滤波电容 $C_o/\mu F$ | 100 |
| 滤波电感 $L_o/\mu H$ | 65 |
| 变压器匝数比（二次侧：一次侧） | $2.5 : 1$ |
| 变压器励磁电感 $L_m/\mu H$ | 85 |
| 开关频率/kHz | 100 |

变换器在双输出模式、双输入模式和单输入单输出模式下的稳态实验波形如图 4-16 所示。

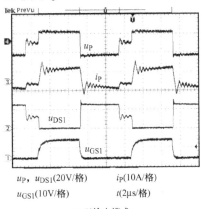

$u_P$，$u_{DS1}$(20V/格)　　$i_P$(10A/格)

$u_{GS1}$(10V/格)　　　　$t$(2μs/格)

a) 双输出模式

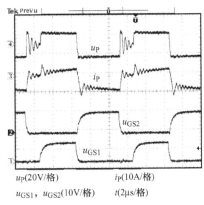

$u_P$(20V/格)　　　　$i_P$(10A/格)

$u_{GS1}$，$u_{GS2}$(10V/格)　　$t$(2μs/格)

b) 双输入模式

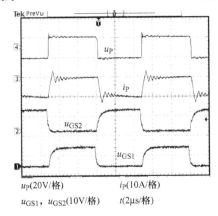

$u_P$(20V/格)　　　　$i_P$(10A/格)

$u_{GS1}$，$u_{GS2}$(10V/格)　　$t$(2μs/格)

c) 单输入单输出模式

图 4-16　SR-HB-TPC 不同工作模式下的稳态实验波形

由图 4-16 可知，双输出和双输入模式下，开关管 $S_1$ 和 $S_2$ 的占空比独立调节，两开关管占空比之和小于 1。两种工作模式下的波形相似，但双输出模式下一次侧电流 $i_P$ 有正偏置，蓄电池充电；在双输入模式下，$i_P$ 则为负偏置，蓄电池放电；单输入单输出模式下，开关管 $S_1$ 和 $S_2$ 互补导通。实验测试波形与理论分析一致。

变换器在双输入模式下测试的开关管零电压开通波形如图 4-17 所示，从图中所示实验结果可知：$S_2$ 利用变压器漏感能量实现了 ZVS（见图 4-17a），$S_3$ 作为 $S_1$ 的同步整流开关管，也实现了 ZVS（见图 4-17b）。

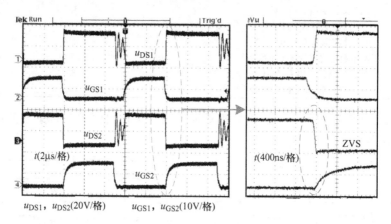

a) $S_1$、$S_2$ 驱动和漏源电压

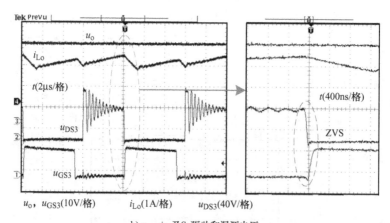

b) $u_o$、$i_{Lo}$ 及 $S_3$ 驱动和漏源电压

图 4-17   SR-HB-TPC 开关管零电压开通波形

图 4-18a 和 b 是变换器在双输出、双输入和单输入单输出模式之间切换的实验波形，通过改变输入源的功率，变换器在不同模式之间自动切换，切换过程中蓄电池端功率自动跟随输入源功率的变化而变化，输出电压始终保持稳定。图 4-18c 和 d 是变换器在 MPPT 模式和蓄电池恒流充电模式之间切换的实验波形，设定蓄电池最大充电电流为 2A，当输入功率较小、充电电流小于 2A 时，变换器对输入源进行 MPPT

控制，充电电流跟随输入功率的变化而变化；当蓄电池电流达到2A时，变换器对蓄电池端进行恒流充电，充电电流保持恒定，此时输入源不再工作于MPPT模式。

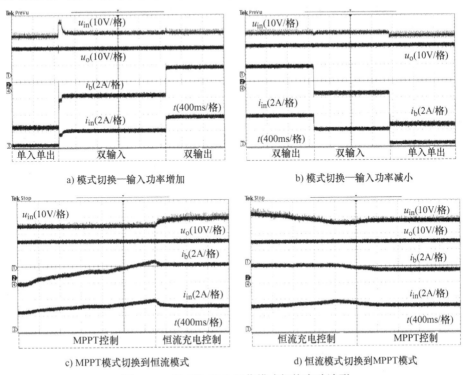

a) 模式切换—输入功率增加    b) 模式切换—输入功率减小

c) MPPT模式切换到恒流模式    d) 恒流模式切换到MPPT模式

图4-18  SR-HB-TPC工作模式切换实验波形

## 4.3  二次侧调整式半桥 TPC 拓扑族

### 4.3.1  拓扑生成

仍以图4-2a所示半桥-Buck TPC原始电路为例。其电路的一次侧是以 $U_{in}$ 为输入、$U_b$ 为输出的Buck变换器，Buck变换器正常工作时开关管 $S_1$ 和 $S_2$ 需互补导通。假设 $S_1$ 和 $S_2$ 的占空比分别为 $D_1$、$D_2$，则有

$$\begin{cases} D_1 = \dfrac{U_b}{U_{in}} \\ D_2 = 1 - D_1 \end{cases} \tag{4-16}$$

由式(4-16)可知，此时开关管 $S_1$ 和 $S_2$ 的占空比由输入源电压 $U_{in}$ 和蓄电池电压 $U_b$ 直接决定，而变换器二次侧为不控整流电路，因此输出电压 $U_o$ 无法进一步调节。

不改变一次侧开关管的互补工作方式，通过在二次侧增加二次调整开关，则能够在不影响变换器一次侧电路原有工作模式的前提下进一步实现输出电压 $U_o$ 的调

节，由此构成的半桥 TPC 称为二次侧调整式半桥 TPC。图 4-19 给出了三种二次侧调整式半桥 TPC 的实现电路。图 4-19a 和图 4-19b 是通过在 HBC 二次侧全波整流电路的基础上增加二次调整开关管 $S_3$ 构成的，其中的部分或全部不控整流支路被改造成了可控支路，从而可以实现输出电压的控制；图 4-19c 是在全桥整流支路上引入一个二次调整开关管构成的；图 4-19d 则是通过额外引入一条变压器二次绕组及其可控整流支路构成的。

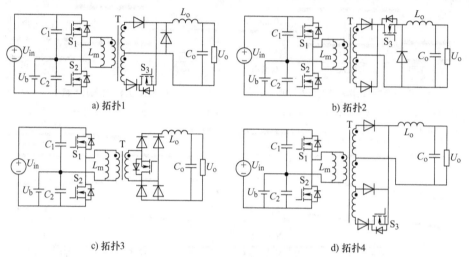

a) 拓扑1　　　　　　　　　　　　　　　　b) 拓扑2

c) 拓扑3　　　　　　　　　　　　　　　　d) 拓扑4

图 4-19　二次侧调整式半桥 TPC 电路拓扑

二次侧调整式半桥 TPC 拓扑的构成方法同样适用于正反激-Boost 和正反激-Buck/Boost 两类半桥 TPC 原始电路，图 4-20 给出了其中的部分拓扑示例。

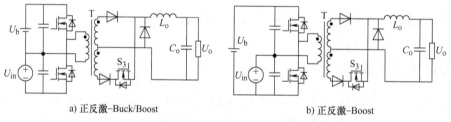

a) 正反激-Buck/Boost　　　　　　　　　　b) 正反激-Boost

图 4-20　其他类型的二次侧调整式半桥 TPC 拓扑示例

### 4.3.2　典型拓扑分析与实验

#### 4.3.2.1　工作原理与分析

以图 4-19a 所示半桥-Buck 类二次侧调整式半桥 TPC 为例分析。

变换器在双输入模式和双输出模式下的工作原理、开关模态以及各开关模态的等效电路都相同，其差别仅在于蓄电池充放电状态，也即变压器偏磁电流的方向。

以双输出模式为例，忽略变压器漏感和开关管寄生电容的影响，变换器主要工作波形如图 4-21 所示。在一个开关周期内，变换器共有三个主要的开关模态，各模态等效电路如图 4-22 所示。

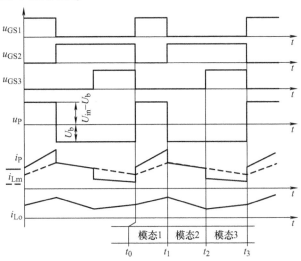

图 4-21　二次侧调整式半桥 TPC 双输出模式主要波形

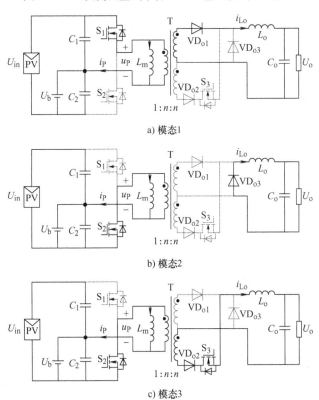

a) 模态1

b) 模态2

c) 模态3

图 4-22　二次侧调整式半桥 TPC 双输出模式各工作模态等效电路

开关模态 1$[t_0, t_1]$：如图 4-22a 所示，$t_0$ 时刻，$S_1$ 导通，$S_2$、$S_3$ 关断，一次侧电流 $i_P$ 和滤波电感电流 $i_{Lo}$ 满足

$$\begin{cases} i_P = i_{Lm} + ni_{Lo} \\ \dfrac{di_{Lm}}{dt} = \dfrac{U_{in} - U_b}{L_m} \\ \dfrac{di_{Lo}}{dt} = \dfrac{n(U_{in} - U_b) - U_o}{L_o} \end{cases} \tag{4-17}$$

其中，$i_{Lm}$ 为变压器一次侧绕组中的励磁电流，$L_m$ 为变压器一次侧励磁电感。

开关模态 2$[t_1, t_2]$：如图 4-22b 所示，$t_1$ 时刻，$S_1$ 关断、$S_2$ 开通，$i_P$ 和 $i_{Lo}$ 满足

$$\begin{cases} i_P = i_{Lm} \\ \dfrac{di_{Lm}}{dt} = -\dfrac{U_b}{L_m} \\ \dfrac{di_{Lo}}{dt} = -\dfrac{U_o}{L_o} \end{cases} \tag{4-18}$$

开关模态 3$[t_2, t_3]$：如图 4-22c 所示，$t_2$ 时刻，$S_3$ 导通，$i_P$ 和 $i_{Lo}$ 满足

$$\begin{cases} i_P = i_{Lm} - ni_{Lo} \\ \dfrac{di_{Lm}}{dt} = -\dfrac{U_b}{L_m} \\ \dfrac{di_{Lo}}{dt} = \dfrac{nU_b - U_o}{L_o} \end{cases} \tag{4-19}$$

假设开关管 $S_1$、$S_2$ 和 $S_3$ 的占空比分别为 $D_1$、$D_2$ 和 $D_3$，稳态时，根据励磁电感和输出滤波电感的伏秒平衡，可以得到

$$\begin{cases} U_{in} = \dfrac{1}{1 - D_2}U_b = \dfrac{1}{D_1}U_b \\ U_o = n[D_1(U_{in} - U_b) + D_3 U_b] = n(D_2 + D_3)U_b \end{cases} \tag{4-20}$$

由式(4-20) 可知，假设蓄电池电压 $U_b$ 恒定，调节 $D_1$ 或 $D_2$ 的占空比可以实现输入端电压 $U_{in}$ 及其功率的控制，通过 $D_3$ 可以进一步实现输出电压的调节。

二次侧调整式半桥 TPC 的一次侧电路等效于 Buck 变换器，一次侧绕组励磁电感电流的平均值即为蓄电池的充放电电流。变换器实际工作时，由于 $S_3$ 晚于 $S_2$ 开通，$S_3$ 开通时，变压器漏感限制了二次侧绕组电流的上升率，$S_3$ 可以近似实现零电流开通。

变换器工作于单输入单输出模式时，二次侧开关管 $S_3$ 与二次侧开关管 $S_2$ 同步开通、关断，变换器等效于传统的正反激变换器，其工作原理与单输入单输出模式下的 SR-HB-TPC 相同，具体过程不再详细分析。

图 4-15a 所示的 SR-HB-TPC 的功率控制策略也同样适用于二次侧调整式半桥

TPC，但二次侧调整式半桥 TPC 的 PWM 调制策略不同于 SR-HB-TPC。与图 4-15a 所示功率控制策略相适应的二次侧调整式半桥 TPC 的 PWM 原理波形如图 4-23 所示，图中 $u_{CS1}$ 和 $u_{CS2}$ 是工作模式选择器输出电压，$u_{tri}$ 为三角载波。从图中可知，该调制策略所实现的开关管开通/关断时序与图 4-21 一致，可以满足变换器不同工作模式的需求。

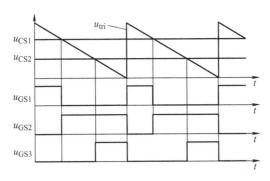

图 4-23　二次侧调整式半桥 TPC PWM 原理波形

#### 4.3.2.2　实验结果与分析

采用图 4-19a 所示二次侧调整式半桥 TPC 拓扑，搭建了一台以光伏-LED 照明系统为应用背景的实验样机。系统参数：$U_{in} = 30V(25 \sim 35V)$，$U_o = 25V$，$U_b = 12V(10 \sim 14V)$，输入端最大功率 120W，输出额定功率 30W。样机参数：$C_1 = C_2 = 330\mu F$，$S_1$、$S_2$ 和 $S_3$：IRF540，$VD_{o1}$、$VD_{o2}$ 和 $VD_{o3}$：MBR3200，变压器一、二次侧绕组电压比为 1∶2.4∶2.4，变压器一次侧励磁电感 $L_m = 80\mu H$，输出滤波电感 $L_o = 60\mu H$，变换器开关频率为 100kHz。

变换器在双输出模式下的稳态实验测试波形如图 4-24 所示，在单输入单输出模式下的稳态实验测试波形如图 4-25 所示。从图中可以看到，实验测试波形与理论分析一致，表明了理论分析的正确性。

变换器突加、突卸负载实验测试波形如图 4-26 所示。从图中可以看到，突卸负载前，输出满载、蓄电池放电，变换器工作于双输入模式；突卸负载后，输出半载、蓄电池充电，变换器工作于双输出模式；重新突加负载后，变换器又转入双输入模式。实验结果表明，变换器能够在不同工作模式间平滑切换，蓄电池功率能够及时跟随负载功率变化，满足负载连续、平稳供电的要求。

根据上述分析可知，二次侧调整式半桥 TPC 由于增加了变压器二次侧绕组二次调整开关电路，变换器所使用的器件数量较 SR-HB-TPC 要多，但是相比 SR-HB-TPC，该变换器的控制相对简单。此外，对于输出电压较高的应用场合，由于高压 MOSFET 体二极管反向恢复特性较差，相对于 SR-HB-TPC，此时采用二次侧调整式 HB-TPC 将更具有优势。

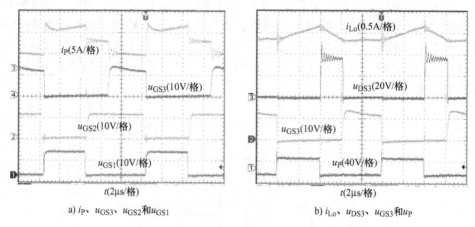

a) $i_P$、$u_{GS3}$、$u_{GS2}$和$u_{GS1}$        b) $i_{Lo}$、$u_{DS3}$、$u_{GS3}$和$u_P$

图 4-24    二次侧调整式半桥 TPC 双输出模式稳态实验波形

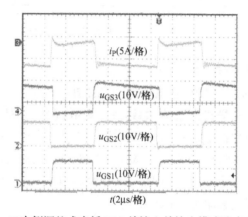

图 4-25    二次侧调整式半桥 TPC 单输入单输出模式稳态实验波形

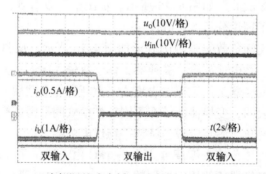

图 4-26    二次侧调整式半桥 TPC 突加、突卸负载实验波形

# 4.4　交错式半桥 TPC 拓扑族

## 4.4.1　拓扑生成

图 4-2a 所示的半桥 TPC 原始电路在一次侧两开关管互补导通时无法实现负载电压的控制，然而，当两个半桥 TPC 交错并联时，在不改变每一路半桥 TPC 一次侧开关管控制方式的前提下，只需要在两个开关桥臂之间引入移相控制，就可以形成一个新的控制变量，实现负载端电压的控制，由此形成的半桥 TPC 拓扑称为交错式半桥 TPC。图 4-27 给出了交错式半桥 TPC 电路拓扑的实现形式，图 4-27a 电路二次侧采用全桥整流电路，图 4-27b 电路二次侧采用倍流整流电路，图中两路半桥 TPC 一次侧电路交错并联，变压器二次侧绕组串联连接并共用整流滤波电路，两个开关桥臂的开关管 $S_1$ 和 $S_2$ 以及 $S_3$ 和 $S_4$ 均互补导通，通过调节开关管占空比实现一次侧 Buck 电路的控制，同时两个开关桥臂对应开关管采用移相控制，通过调节移相角可以进一步实现负载端电压及功率的控制。

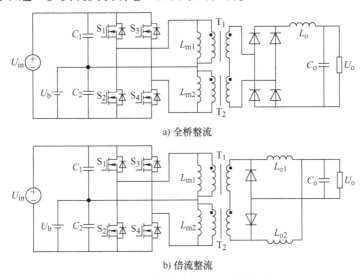

a) 全桥整流

b) 倍流整流

图 4-27　交错式半桥 TPC 电路拓扑

图 4-27 所示交错式半桥 TPC 拓扑构成的思路也适用于正反激- Boost 和正反激- Buck/Boost 类半桥 TPC。

## 4.4.2　典型拓扑分析与实验

### 4.4.2.1　工作原理

以图 4-27a 所示交错式半桥三端口变换器（Interleaved Half- Bridge Three- Port Converter，IHB- TPC）为例分析其工作原理与特性。为便于分析，将其重画如图 4-28 所示。

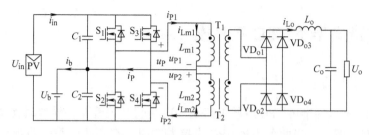

图 4-28　IHB-TPC 电路拓扑

IHB-TPC 的三个端口分别与主电源 $U_{in}$、蓄电池 $U_b$ 和负载 $U_o$ 相连，任意两端口之间的等效电路如图 4-29 所示。

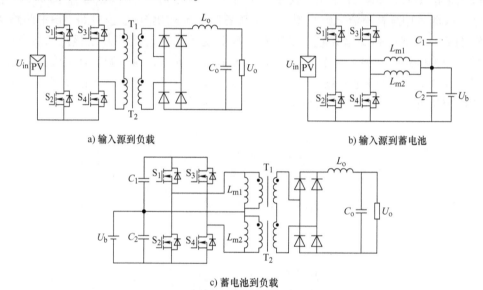

a) 输入源到负载　　　　　　　　　　　　　　b) 输入源到蓄电池

c) 蓄电池到负载

图 4-29　IHB-TPC 两两端口之间等效功率传输电路

主电源到负载之间等效功率变换电路为全桥变换器，如图 4-29a 所示；主电源到蓄电池之间的等效功率电路为交错并联 Buck 变换器，如图 4-29b 所示；蓄电池到负载之间的等效功率电路为交错并联的 FFC，如图 4-29c 所示，两路 FFC 可以看作输入并联、输出串联且共用整流滤波电路。$U_{in}$ 同时向 $U_o$ 和 $U_b$ 供电时，变换器等效为混合的全桥和 Buck 变换器；$U_{in}$ 和 $U_b$ 同时向 $U_o$ 供电时，变换器等效为混合的全桥和 FFC；$U_b$ 单独给 $U_o$ 供电时，变换器等效为 FFC。

IHB-TPC 中同一开关桥臂的两开关管互补导通，通过调节开关管的占空比实现 $U_{in}$ 到 $U_b$ 之间的功率控制，$U_{in}$ 和 $U_b$ 到 $U_o$ 的功率控制则通过调节两个开关桥臂之间的移相角实现。与 SR-HB-TPC 类似，IHB-TPC 在双输入、双输出以及单输入单输出等不同工作模式的工作原理相似，不同之处仅在于蓄电池的充放电状态以及变压器励磁电感电流的大小和方向不同，下面以双输出模式为例分析变换器的工作原理。

为了简化分析，做如下假设：所有开关管、二极管均为理想器件，忽略开关管寄生电容和变压器漏感的影响。变换器主要工作波形如图4-30所示，一个开关周期内共有四个主要的开关模式，各模态等效电路如图4-31所示。

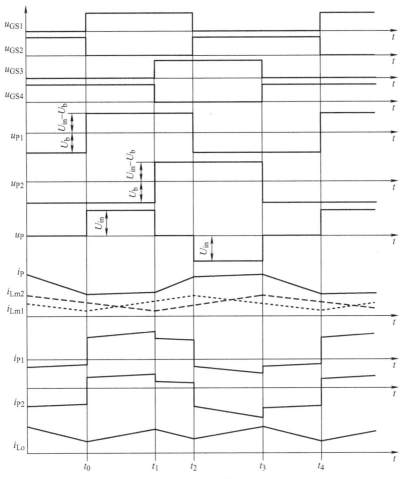

图4-30　IHB-TPC 双输出模式主要工作波形

开关模态 1$[t_0, t_1]$：如图4-31a 所示，$t_0$ 时刻之前，$S_1$、$S_3$ 关断，$S_2$、$S_4$ 开通，变压器励磁电感电流 $i_{Lm1}$、$i_{Lm2}$ 都线性减小，输出滤波电感电流 $i_{Lo}$ 线性下降；$t_0$ 时刻，$S_1$ 开通、$S_2$ 关断，$i_{Lm1}$ 线性增加，变压器一次侧绕组电压 $u_{P1}$ 和 $u_{P2}$ 极性相同

$$\begin{cases} \dfrac{\mathrm{d}i_{Lm1}}{\mathrm{d}t} = \dfrac{U_{in} - U_b}{L_{m1}} \\[2mm] \dfrac{\mathrm{d}i_{Lm1}}{\mathrm{d}t} = -\dfrac{U_b}{L_{m1}} \\[2mm] \dfrac{\mathrm{d}i_{Lo}}{\mathrm{d}t} = \dfrac{nU_{in} - U_o}{L_o} \end{cases} \qquad (4\text{-}21)$$

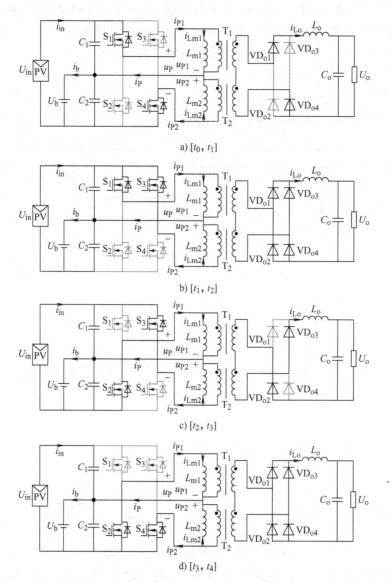

a) $[t_0, t_1]$

b) $[t_1, t_2]$

c) $[t_2, t_3]$

d) $[t_3, t_4]$

图 4-31　IHB-TPC 双输出模式各开关模态等效电路

变压器一次侧电流 $i_{P1}$、$i_{P2}$ 及流过 $S_1$ 和 $S_4$ 的电流 $i_{S1}$、$i_{S4}$

$$\begin{cases} i_{S1}(t) = i_{P1}(t) = i_{Lm1}(t) + ni_{Lo}(t) \\ i_{S4}(t) = i_{P2}(t) = ni_{Lo}(t) - i_{Lm2}(t) \end{cases} \tag{4-22}$$

两变压器一次侧绕组公共连接点电流

$$i_P(t) = i_{Lm1}(t) + i_{Lm2}(t) \tag{4-23}$$

开关模态 2 $[t_1, t_2]$：如图 4-31b 所示，$t_1$ 时刻，$S_3$ 开通、$S_4$ 关断，$u_{P1}$ 和 $u_{P2}$ 极性相反、幅值相等，因此总的绕组电压 $u_P$ 为 0，二次侧部分滤波电感电流将从

VD$_{o1}$ 和 VD$_{o4}$ 中换向到 VD$_{o2}$ 和 VD$_{o3}$ 中，四个整流二极管同时导通

$$\begin{cases} \dfrac{di_{Lm1}}{dt} = \dfrac{U_{in} - U_b}{L_{m1}} \\[2mm] \dfrac{di_{Lm1}}{dt} = \dfrac{U_{in} - U_b}{L_{m1}} \\[2mm] \dfrac{di_{Lo}}{dt} = -\dfrac{U_o}{L_o} \end{cases} \tag{4-24}$$

开关模态 3 $[t_2, t_3]$：如图 4-31c 所示，$t_2$ 时刻，$S_1$ 关断、$S_2$ 开通，$u_{P1}$ 和 $u_{P2}$ 极性相同，加在变压器一次绕组上的总电压为 $U_{in}$，二次侧 VD$_{o1}$、VD$_{o4}$ 关断，VD$_{o2}$、VD$_{o3}$ 开通

$$\begin{cases} \dfrac{di_{Lm1}}{dt} = -\dfrac{U_b}{L_{m1}} \\[2mm] \dfrac{di_{Lm1}}{dt} = \dfrac{U_{in} - U_b}{L_{m1}} \\[2mm] \dfrac{di_{Lo}}{dt} = \dfrac{nU_{in} - U_o}{L_o} \end{cases} \tag{4-25}$$

变压器一次电流 $i_{P1}$、$i_{P2}$ 以及流过 $S_2$ 和 $S_3$ 的电流 $i_{S2}$、$i_{S3}$

$$\begin{cases} i_{S2}(t) = i_{P1}(t) = i_{Lm1}(t) - ni_{Lo}(t) \\ i_{S3}(t) = i_{P2}(t) = -ni_{Lo}(t) - i_{Lm2}(t) \end{cases} \tag{4-26}$$

开关模态 4 $[t_3, t_4]$：如图 4-31d 所示，$t_3$ 时刻，$S_3$ 关断、$S_4$ 开通，$u_{P1}$ 和 $u_{P2}$ 极性相反、幅值相等，因此加在变压器一次绕组上的总电压为零，二次侧部分滤波电感电流将从 VD$_{o1}$ 和 VD$_{o4}$ 中换向到 VD$_{o2}$ 和 VD$_{o3}$ 中，四个整流二极管同时导通

$$\begin{cases} \dfrac{di_{Lm1}}{dt} = -\dfrac{U_b}{L_{m1}} \\[2mm] \dfrac{di_{Lm1}}{dt} = -\dfrac{U_b}{L_{m1}} \\[2mm] \dfrac{di_{Lo}}{dt} = -\dfrac{U_o}{L_o} \end{cases} \tag{4-27}$$

#### 4.4.2.2 特性分析

1. 端口电压关系

假设两个变压器的参数完全一致，$L_{m1} = L_{m2} = L_m$，开关管 $S_1$ 和 $S_3$ 的占空比相等且都为 $D$，根据变压器励磁电感的伏秒平衡关系可知

$$\begin{cases} U_b = DU_{in} \\ U_{in} = \dfrac{1}{D}U_b \end{cases} \tag{4-28}$$

由式(4-28) 可知：通过调节开关管的占空比 $D$ 就能实现输入源端电压的控制，进而控制输入源输出的功率、实现输入源的 MPPT 或蓄电池充电控制。

假设开关管 $S_1$ 和 $S_3$ 开通时刻之间的相角差为 $\varphi$。不同移相角对应的输出电压不同，以 $D < 0.5$ 情况为例分析，共有三种可能的情况，如图 4-32 所示。

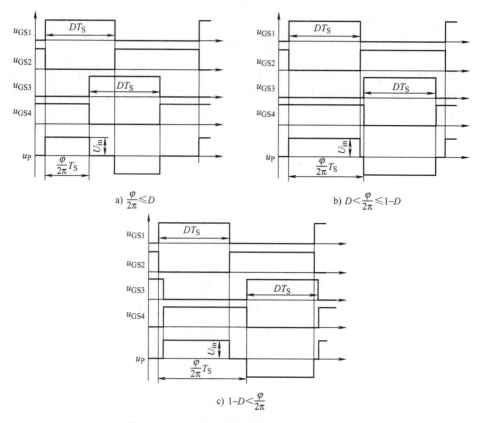

图 4-32　IHB-TPC 不同移相角对应电压波形

根据输出滤波电感 $L_o$ 的伏秒平衡，对应图 4-32 所示三种情况的输出电压 $U_o$ 分别为

$$\begin{cases} U_o = \dfrac{\varphi}{2\pi}2U_{in} & \left(\dfrac{\varphi}{2\pi} \leq D\right) \\[3mm] U_o = D2U_{in} & \left(D < \dfrac{\varphi}{2\pi} \leq 1 - D\right) \\[3mm] U_o = \left(1 - \dfrac{\varphi}{2\pi}\right)2U_{in} & \left(1 - D < \dfrac{\varphi}{2\pi}\right) \end{cases} \qquad (4\text{-}29)$$

根据电路的对称性，当 $D > 0.5$ 时，将式(4-29) 中的 $D$ 换成 $(1-D)$，式(4-29) 所示关系依然成立。上述分析表明，若要使输出电压受移相角 $\varphi$ 控制，且使得输出电压与移相角成正比，必须使移相角限制在如下范围：

$$\frac{\varphi}{2\pi} \leqslant \min(D, 1-D) \tag{4-30}$$

## 2. 软开关特性

IHB-TPC 与移相全桥变换器类似，利用变压器的漏感、滤波电感以及开关管寄生电容，一次侧四个开关管都有可能实现 ZVS，其中开关管 $S_3$ 和 $S_4$ 的 ZVS 可以由输出滤波电感辅助实现，因此可以在很宽的负载范围内实现 ZVS，开关管 $S_1$ 和 $S_2$ 则只能利用变压器漏感储存的能量实现 ZVS。

IHB-TPC 与传统移相全桥变换器的不同之处在于：由于变压器励磁电感同时作为滤波电感使用，励磁电感电流的大小和方向对开关桥臂上开关管和下开关管的 ZVS 特性有不同的影响。当变换器工作在双输出模式时，励磁电流为正，即变压器一次电流有正偏置，相对于传统的移相全桥变换器，在相同的负载条件下，IHB-TPC 开关桥臂下开关管 $S_2$ 和 $S_4$ 更容易实现 ZVS，而 IHB-TPC 开关桥臂上开关管则更难实现 ZVS。特别地，若负载电流在一次侧的反射电流小于变压器励磁电流，IHB-TPC 的变压器一次电流全部为正值，则流过开关管 $S_2$ 和 $S_4$ 的电流始终为负值，使得开关管 $S_2$ 和 $S_4$ 始终工作在同步整流状态，此时不论负载功率如何，IHB-TPC 变换器中的 $S_2$ 和 $S_4$ 都能够实现 ZVS，$S_1$ 和 $S_3$ 则无法实现 ZVS。当变换器工作在双输入模式或者单输入单输出模式时，蓄电池放电，励磁电流为负，即变压器一次电流有负偏置。相对于传统的移相全桥变换器，在相同的负载条件下，IHB-TPC 的开关桥臂上开关管 $S_1$ 和 $S_3$ 更容易实现 ZVS，而 IHB-TPC 的开关桥臂下开关管 $S_2$ 和 $S_4$ 则更难实现 ZVS。

## 3. 器件应力

IHB-TPC 二次侧器件的电压和电流应力与传统的全桥变换器相同，而一次侧开关器件受到励磁电感电流的影响，同一桥臂上下开关管的电流应力不同，根据式(4-22) 和式(4-26) 可以计算出对应开关管的电流应力。当变换器工作在双输出模式时，桥臂上开关管的电流应力大于桥臂下开关管的电流应力；变换器工作在双输入或单输入单输出模式时，桥臂下开关管的电流应力大于上开关管的电流应力。

## 4. 变压器设计考虑

在设计变压器时，必须将励磁电感电流偏置考虑在内。IHB-TPC 的一次侧电路等效为两路交错并联的 Buck/Boost 变换器，因此每一个变压器中励磁电感电流平均值等于蓄电池电流的一半

$$I_{Lm} = \frac{1}{2}I_b = \frac{P_b}{2U_b} \tag{4-31}$$

### 4.4.2.3 控制与调制

基于第 2 章提出的三端口系统功率控制策略，以及 IHB-TPC 具体工作原理的分析，提出的 IHB-TPC 的控制与调制策略如图 4-33 所示。

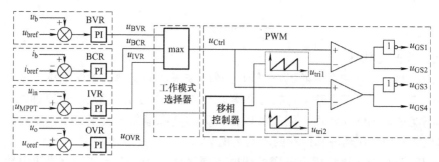

图 4-33　IHB-TPC 控制与调制策略

图中 $u_{BVR}$、$u_{BCR}$、$u_{IVR}$ 和 $u_{OVR}$ 分别是 BVR、BCR、IVR 和 OVR 的输出。根据 IHB-TPC 工作原理的分析可知，开关管的占空比可以实现主电源电压以及其输入功率的控制，因此，工作模式选择器采用竞争机制在 BVR、BCR 和 IVR 的输出中选择最大值 $u_{Ctrl}$ 作为开关管占空比的调制信号。$u_{Ctrl}$ 和两个载波比较产生两个开关桥臂开关管的占空比，实现输入源的 MPPT 控制和蓄电池充电控制，并实现变换器在各模式下的稳定工作以及在不同工作模式间的平滑无缝切换，其工作原理与 SR-HB-TPC 控制策略相似：当蓄电池电压及电流未达到设定值时，BVR 和 BCR 的输出负饱和，$u_{Ctrl}=u_{IVR}$，输入源工作在 MPPT 状态，当蓄电池电压或电流达到设定的最大值时，$u_{BVR}$ 或 $u_{BCR}$ 自动退出负饱和并增大，从而取代 $u_{IVR}$，使得系统自动转入蓄电池充电控制状态。另一方面，变换器两个开关桥臂之间的移相角可以进一步实现输出电压的控制，因此，OVR 的输出 $u_{OVR}$ 作为移相控制器的输入，通过调节移相角实现输出电压的控制。

#### 4.4.2.4　实验结果与分析

搭建了一台 IHB-TPC 原理样机，样机主要参数见表 4-3。

表 4-3　IHB-TPC 原理样机参数

| 名　　称 | 数　　值 |
| --- | --- |
| 输入电压 $u_{in}$/V | 50 ~ 80 |
| 输入功率 $P_{in}$/W | 0 ~ 500 |
| 输出电压 $u_o$/V | 100 |
| 输出功率 $P_o$/W | 0 ~ 400 |
| 蓄电池电压 $u_b$/V | 30 ~ 42 |
| 开关管 $S_1 \sim S_4$ | FDP2532 |
| 整流二极管 $VD_{o1} \sim VD_{o4}$ | DPG400PB20C |
| 滤波电容 $C_1$，$C_2$，$C_o$/μF | 440 |
| 滤波电感 $L_o$/μH | 250 |
| 变压器匝数比（二次侧：一次侧） | 30 : 12 |
| 变压器励磁电感 $L_{m1}$/μH | 123 |
| 变压器励磁电感 $L_{m2}$/μH | 126 |
| 开关频率/kHz | 100 |

图 4-34a 和图 4-34b 分别给出了 IHB-TPC 在双输出和双输入模式下的稳态实验波形。

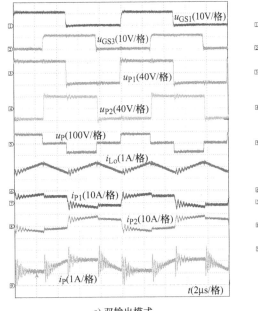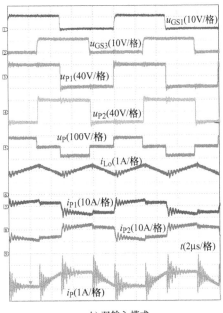

a) 双输出模式　　　　　　b) 双输入模式

图 4-34　IHB-TPC 双输出模式和双输入模式稳态实验波形

　　从图 4-34 可以看到，在相同的输入电压、蓄电池电压和输出电压/电流条件下，变换器在双输入模式和双输出模式下的对应实验波形形状相同，其差别仅在于变压器一次电流的偏置方向不同，也即两变压器一次绕组总电流之和不同，变压器一次绕组总电流之和也即两个变压器励磁电流之和。变换器工作在双输出模式时，蓄电池充电，变压器一次绕组电流为正偏置。变换器工作在双输入模式时，蓄电池放电，变压器一次绕组电流为负偏置。

　　图 4-35 给出了变换器在单输入单输出模式下的稳态实验波形，此时输入源的电流为零，因此桥臂上开关管 $S_1$ 和 $S_3$ 的总平均电流都为零，蓄电池单独给负载供电，变压器一次绕组电流全部为负

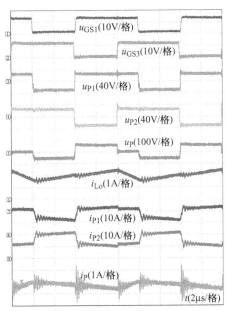

图 4-35　IHB-TPC 单输入单输出
模式稳态实验波形

73

偏置。实验测试波形与理论分析一致，表明了理论分析的正确性。

采用直流源串电阻模拟输入源特性，通过改变串联电阻的大小改变输入源的功率，从而使变换器工作在不同的工作模式。图 4-36 给出了变换器在双输入和双输出模式之间切换的实验波形，从图中可以看到：变换器可以在不同的工作模式间自由、平滑切换，负载端电压始终保持稳定，实现了预期的控制功能。若仅从模式切换的波形来看，IHB-TPC 与 SR-HB-TPC 的测试结果并没有本质的差异，因为对于系统功率控制而言，系统的工作模式仅取决于输入源和负载的功率状态，不同三端口变换器的对外所表现出的端口外特性都是相似的。

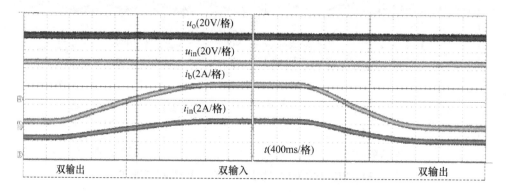

图 4-36　IHB-TPC 工作模式切换实验波形

IHB-TPC 突加突卸负载实验波形如图 4-37 所示。从图中可以看到，负载功率突变时，蓄电池电流跟随变化，变换器自动在双输入和双输出模式之间切换，负载端电压和输入端电压保持稳定，实验波形表明了控制策略的有效性。

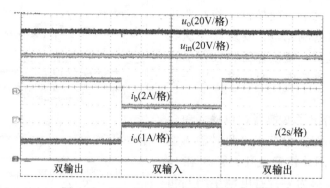

图 4-37　IHB-TPC 突加突卸负载实验波形

74

## 4.5　本章小结

　　本章以半桥式 TPC 拓扑衍生为例，深入研究了"控制变量重构法"的 TPC 拓扑构造的方法和过程。通过将 HBC 变压器一次侧励磁电感用做滤波电感，发现了 HBC 中所潜在的功率端口和功率传输路径，以重构 TPC 所需的功率控制变量为目标，提出了半桥 TPC 拓扑的三类构成方式：①通过改变 HBC 控制方式，在不增加器件数量的前提下，生成了同步整流式半桥 TPC 拓扑族；②通过在变压器二次侧引入二次调整电路，在不改变 HBC 一次侧开关管控制方式的前提下，生成了二次侧调整式半桥 TPC 拓扑族；③通过将两路 HBC 的一次侧并联、并共用二次侧整流滤波电路，利用两路 HBC 一次侧开关桥臂之间的移相角形成新的控制变量，生成了交错式半桥 TPC 拓扑族。上述三类半桥 TPC 拓扑族中，同步整流式半桥 TPC 适用于输出电压较低、电流较大等需要采用同步整流技术的应用场合，二次侧调整式半桥 TPC 适用于输出电压较高的应用场合，交错式半桥 TPC 则适合于功率较大的应用场合。

# 第5章　全桥型三端口直流变换器

功率路径重构法适用于在自身存在冗余功率控制变量的两端口变换器基础上构造 TPC 拓扑。本章将基于全桥变换器，利用桥臂开关管的移相角和占空比，并将全桥变换器开关桥臂与非隔离双向变换器集成、构造出 TPC 所需要的功率传输路径，由此获取一系列新型全桥三端口直流变换器。

## 5.1　概述

FBC 一次侧由两个开关桥臂并联构成，每个桥臂分别由两个开关管串联而成，如图 5-1 所示。FBC 采用移相控制时，两个开关桥臂的开关管各自互补工作，产生两个固定脉宽的矩形波电压 $u_a$ 和 $u_b$。通过移相控制，调节两个矩形波之间的相位，进而产生交变的、脉冲宽度可调的矩形波 $u_{ab}$，实现输出电压的控制。只要变压器满足伏秒平衡，FBC 就可以正常工作。移相控制 FBC 可以用图 5-2 所示的等效电路来表示。

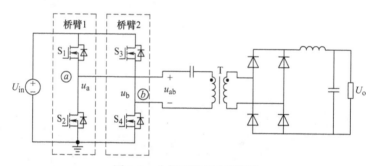

图 5-1　全桥变换器电路拓扑

根据图 5-2，任意两个矩形波电压源 $u_a$ 和 $u_b$ 通过移相控制，都可以产生正负交变的矩形波电压，与变压器及其二次侧整流滤波电路一起构成一般意义上的"移相全桥变换器"。为了形成一次侧电流通路，两个矩形波电压源 $u_a$、$u_b$ 需要共阴（见图 5-2a）或共阳（见图 5-2b）连接。

FBC 本身能够提供三个独立的控制变量：两个桥臂上下开关管的占空比以及两个开关桥臂之间的移相角。对于移相控制 FBC，其输出电压的控制只使用了两个矩形波电压之间的移相角，而两个开关桥臂上下开关管的占空比所形成的两个冗余的功率控制变量没有加以利用。FBC 本身能提供多个功率控制变量、具备了构建 TPC 所需的功率控制条件，然而，FBC 自身不具备多余的功率传输通路以及功率端

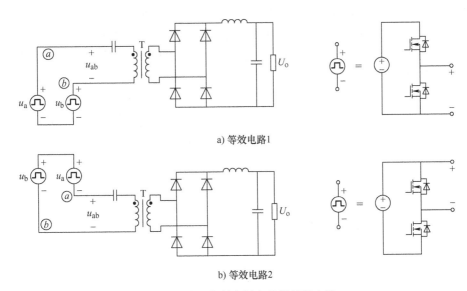

a) 等效电路1

b) 等效电路2

图 5-2　移相控制全桥变换器等效电路

口。因此，利用 FBC 自身存在的冗余控制变量，通过构建相应的功率传输通路，就可以构造出 TPC 拓扑。

矩形波电压源可以由开关桥臂和输入电压源并联构成的开关单元产生，只要桥臂中的两个开关管互补导通，就可以产生矩形波电压。注意到，互补导通的开关桥臂也是非隔离 BC 的基本构成单元。如图 5-3 所示，四种基本的非隔离 BC 都是由

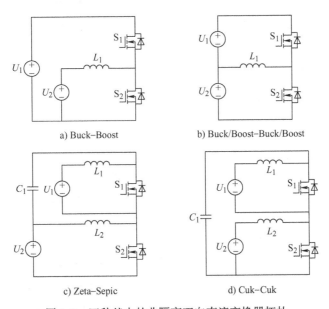

a) Buck–Boost

b) Buck/Boost–Buck/Boost

c) Zeta–Sepic

d) Cuk–Cuk

图 5-3　四种基本的非隔离双向直流变换器拓扑

一个开关桥臂和无源器件构成的，每个开关桥臂都与等效的直流电压源并联且桥臂中的两个开关管互补导通，通过开关管占空比控制双向功率的流动，此时在开关桥臂的中点也产生了矩形波电压。以 Buck - Boost 非隔离 BC 为例，其输出的矩形波电压可以在桥臂中点和桥臂（＋）端获得，也可以在桥臂中点和桥臂（－）端获得，如图 5-4 所示。

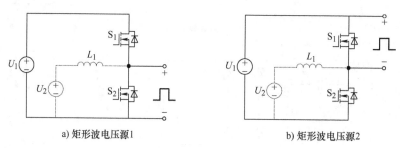

a) 矩形波电压源1          b) 矩形波电压源2

图 5-4    寄生在 Buck - Boost 双向变换器中的矩形波电压源

由于非隔离 BC 和 FBC 的控制分别利用了开关桥臂所提供的不同的控制变量，两者的控制是相互解耦的。例如，在实现非隔离 BC 占空比调节的同时仍能够实现桥臂之间移相角的控制，因此，可以将非隔离 BC 的开关桥臂与 FBC 的开关桥臂集成在一起，而非隔离 BC 的引入同时在 FBC 的一次侧增加了新的功率端口和功率传输路径，满足了 TPC 所需的功率传输路径条件。

根据上述分析，只需要将图 5-2 所示矩形波电压源用非隔离 BC 来产生，也即将 FBC 中的部分或全部开关桥臂与非隔离 BC 中的开关桥臂复用，就能够得到包含多个功率端口的、同时集成了 FBC 和非隔离 BC 的全桥 TPC 拓扑。

# 5.2    全桥 TPC 拓扑族构成方法

## 5.2.1    非对称全桥 TPC 拓扑族

将 FBC 中的任意一个开关桥臂与非隔离 BC 中的开关桥臂复用，并将非隔离 BC 中与开关桥臂并联的直流电压源作为 FBC 的输入电压源，就可以得到具有非对称结构的全桥 TPC 电路拓扑，如图 5-5 所示。所谓非对称是指 FBC 中只有一个开关桥臂与非隔离 BC 共用，另外一条开关桥臂仍只属于 FBC。

值得注意的是，由于图 5-5 所示全桥 TPC 的一次侧引入了双向直流变换器，使得一次侧两个端口的功率都可以双向流动，因此一次侧两个端口不仅可以向负载传输功率，而且相互之间也可以传输功率。所以，图 5-5 所示全桥 TPC 不仅适合于由输入源、蓄电池和负载构成的三端口功率系统，也适用于包含两个双向端口的功率系统，如蓄电池 - 超级电容混合储能系统等。

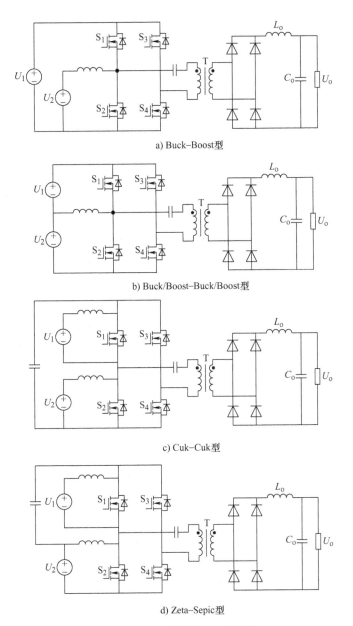

a) Buck–Boost型

b) Buck/Boost–Buck/Boost型

c) Cuk–Cuk型

d) Zeta–Sepic型

图5-5　非对称全桥 TPC 拓扑族

这里以非对称 Buck – Boost 型全桥 TPC 在 PV –蓄电池联合供电系统中的应用为例，简要分析其工作原理。

全桥 TPC 一次侧两个端口中的任意一个都可以与 PV 或蓄电池相连，具体连接形式取决于 PV 和蓄电池端的电压范围。若将非对称 Buck – Boost 型全桥 TPC 的 $U_1$ 端口与蓄电池相连、$U_2$ 端口与 PV 相连，则 PV 与蓄电池之间为升压变换；反之，则为降压变换。图 5-6 给出了非对称 Buck – Boost 型全桥 TPC 的 $U_1$ 端连接蓄电池、$U_2$ 端连接 PV 时的示意图。

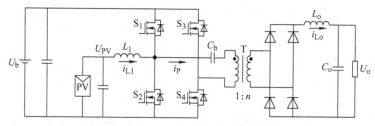

图 5-6　非对称 Buck – Boost 型全桥 TPC

对于图 5-6 所示连接方式，PV 到蓄电池等效为 Boost 变换器，蓄电池到负载等效为 FBC，PV 到负载则等效为 Boost – FBC。在实际应用时，由于蓄电池端电压基本恒定，不论 PV 端输入的电压或者功率大小如何，FBC 的输入都可以看做恒压源，因此 PV 和负载之间的功率传输是被蓄电池端解耦的，蓄电池的充放电状态及其功率大小只取决于光伏端输入功率与负载端输出功率的差值。所以，图 5-6 所示拓扑与图 5-7 所示的由传统 Boost 变换器与 FBC 级联构成的功率系统是等价的。但是，相对于图 5-7 所示的传统解决方案，图 5-6 所示集成解决方案减少了开关器件的数目，从而简化了系统驱动和控制电路，减小了变换器的体积、重量和成本。更重要的是，图 5-6 所示集成方案减少了 PV 和负载之间功率变换的级数，从而有助于降低损耗、提高系统效率。

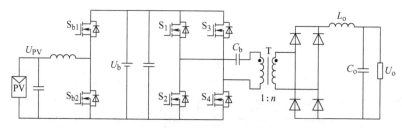

图 5-7　Boost 与 FBC 级联构成的功率系统

FBC 两个桥臂开关管的占空比以及两个开关桥臂之间的移相角可以分别作为三个独立的控制变量。对于图 5-6 所示拓扑，开关管 $S_1$ 和 $S_2$ 的占空比由 PV 和蓄电池的电压关系决定，即 PV 端电压/功率可以通过 $S_1$ 或 $S_2$ 的占空比调节，而输出电压则可以通过另一开关桥臂开关管 $S_3$ 和 $S_4$ 的占空比或者两个开关桥臂之间的移相角 $\varphi$ 来调节。图 5-8 给出了采用移相控制、且开关管 $S_3$ 和 $S_4$ 的占空比分别等于 $S_1$ 和 $S_2$ 占空比时的变换器主要波形。假设开关管 $S_1$ 和 $S_3$ 的占空比为 $D$，变压器一、二次侧匝比为 $1:n$，依据图示波形，根据 PV 侧滤波电感 $L_1$ 和负载侧滤波电感 $L_o$ 的伏秒平衡，可以得到

$$\begin{cases} U_{PV} = DU_b \\ U_o = \dfrac{\varphi}{\pi}nU_b \end{cases} \qquad (5\text{-}1)$$

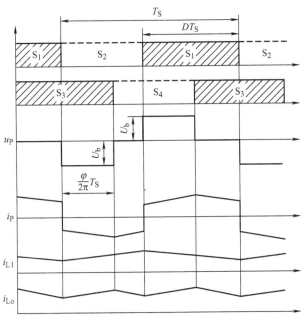

图 5-8 非对称 Buck – Boost 型全桥 TPC 关键波形

根据式(5-1) 所示端口电压关系可知，PV 端电压和负载端电压是被蓄电池端电压解耦的，且占空比 $D$ 和移相角 $\varphi$ 能够作为两个独立的控制量，同时实现其中任意两个端口的电压及功率控制。变换器在双输入、双输出以及单输入单输出工作模式下的工作波形都是相似的，不同之处仅在于 PV 端和负载端平均功率的大小，也即电感 $L_1$ 和 $L_o$ 平均电流的大小。

## 5.2.2 对称全桥 TPC 拓扑族

将 FBC 中的两条开关桥臂都分别与两个非隔离 BC 共用，且两个双向变换器对应的两个端口并联连接，则可以得到具有对称结构的全桥 TPC 拓扑，如图 5-9 所示。

与非对称全桥 TPC 类似，对称全桥 TPC 的一次侧两个端口都为双向端口，两个端口之间可以相互传输功率而且都能够向负载传输功率，因此该类变换器不仅适合于由输入源、蓄电池和负载构成的三端口功率系统，也适用于蓄电池 – 超级电容混合储能系统等包含两个双向端口的功率系统。

以图 5-9a 所示的对称 Buck – Boost 型全桥 TPC 为例，为了实现一次侧两路双向变换器的功率/电流均分，理想情况下，变换器两开关桥臂对应上下开关管的

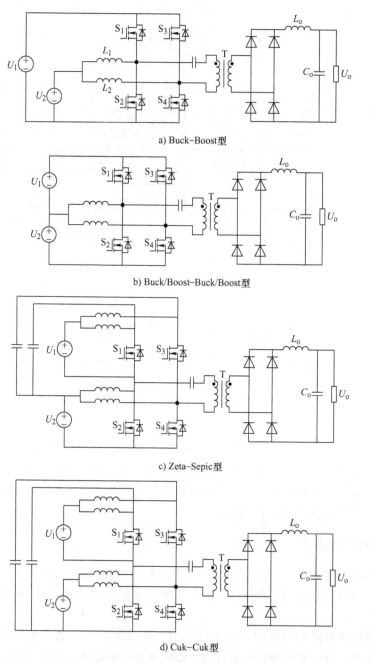

a) Buck-Boost型

b) Buck/Boost-Buck/Boost型

c) Zeta-Sepic型

d) Cuk-Cuk型

图 5-9　对称全桥 TPC 拓扑族

占空比相等，因此两个开关桥臂的占空比都只能用于变换器一次侧两个端口的电压或功率平衡控制，而负载端电压只能通过两个开关桥臂之间的移相角来实现控制。在这种情况下，两开关桥臂的工作状态对称，此时对称 Buck－Boost 型全桥

TPC 拓扑的工作波形与图 5-8 所示非对称 Buck – Boost 型全桥 TPC 工作波形完全一致。当对称 Buck – Boost 型全桥 TPC 的 $U_1$ 和 $U_2$ 端口分别与蓄电池和 PV 相连时，该变换器与图 5-10 所示的、由交错并联 Boost 变换器和 FBC 级联构成的功率变换系统等效。

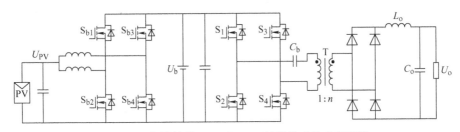

图 5-10　交错并联 Boost 与 FBC 级联构成的功率系统

## 5.3　全桥多端口变换器拓扑分析与验证

### 5.3.1　电路构成原理

对称全桥 TPC 中一次侧两个非隔离 BC 的两端是直接并联的，事实上，两个非隔离 BC 也可以采用只有一个端口并联或者两个非隔离 BC 的对应端口都不并联的连接方式。当对称全桥 TPC 一次侧两个非隔离 BC 只有一个端口并联连接的时候，在变换器的一次侧将形成三个端口，此时可以得到端口数量大于三的全桥多端口变换器（Multi-Port Converter，MPC）拓扑。

以图 5-9a 所示对称 Buck – Boost 型全桥 TPC 为例，将其原来的 $U_2$ 端口裂解成 $U_2$ 和 $U_3$ 两个端口，由此得到的全桥四端口变换器如图 5-11 所示。图中 $U_1$ 和 $U_2$ 是其中一个 Buck – Boost 非隔离 BC 的两端，$U_1$ 和 $U_3$ 是另外一个 Buck – Boost 非隔离 BC 的两端，因此 $U_1$ 和 $U_2$ 之间以及 $U_1$ 和 $U_3$ 之间可以相互直接传输功率，$U_2$ 和 $U_3$ 之间可以借助 $U_1$ 端口相互传输功率，同时，$U_1$、$U_2$ 和 $U_3$ 都可以向 $U_o$ 传输功率。

图 5-11 所示全桥四端口变换器可以应用于由多种或多个新能源发电设备、蓄电池以及负载所构成的联合供电系统，其中，$U_1$ 端口适合连接蓄电池、$U_2$ 和 $U_3$ 端口适合连接新能源发电设备。对于图 5-11a，若 $U_1$ 与蓄电池相连、$U_2$ 和 $U_3$ 与新能源发电设备相连，则新能源设备和蓄电池之间为升压变换。对于图 5-11b，若 $U_1$ 与蓄电池相连、$U_2$ 和 $U_3$ 与新能源发电设备相连，则新能源设备和蓄电池之间为降压变换。

若全桥 TPC 一次侧两个非隔离 BC 的各个端口彼此相互独立，则变换器的一次侧将形成四个端口，由此可以得到全桥五端口变换器。Buck – Boost 型的全桥五端

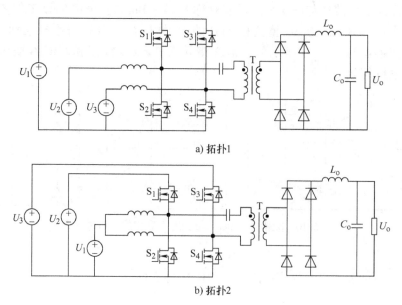

a) 拓扑1

b) 拓扑2

图 5-11　Buck – Boost 型全桥四端口变换器

口变换器电路拓扑如图 5-12 所示，图中 $U_1$ 和 $U_2$、$U_3$ 和 $U_4$ 分别为两个 Buck – Boost 非隔离 BC 的两端，因此 $U_1$ 和 $U_2$ 之间、$U_3$ 和 $U_4$ 之间可以直接相互传输功率，$U_1/U_2$ 端口和 $U_3/U_4$ 端口之间不存在功率传输通路，彼此之间不能传输功率，但一次侧所有四个端口都可以向负载传输功率。

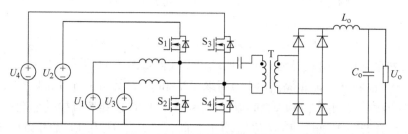

图 5-12　Buck – Boost 型全桥五端口变换器电路拓扑

　　按照类似的方式，基于图 5-9 所示的其他类型的对称全桥 TPC 拓扑，将可以得到多种形式的全桥四端口变换器和全桥五端口变换器，具体不再一一列出。

## 5.3.2　工作原理分析

　　以图 5-11a 所示的 Buck – Boost 型全桥四端口变换器（Buck – Boost Full-Bridge Four-Port Converter，BB-FB-FPC）为例进行详细分析。将其应用于 PV -蓄电池联合供电系统，一次侧三个端口分别与两路独立的光伏组件（$U_{PV1}$、$U_{PV2}$）以及蓄电池（$U_b$）相连，如图 5-13 所示。

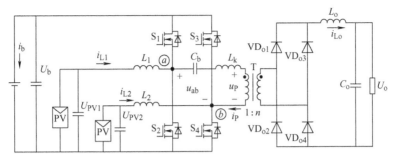

图 5-13  BB-FB-FPC 电路拓扑

图 5-13 所示 BB-FB-FPC 变换器内部共存在五条功率传输通路，如图 5-14 所示。两个光伏端（PV₁、PV₂）到蓄电池端都等效为 Boost 变换器；蓄电池端到负载端则等效为移相全桥变换器；两个光伏端到负载端则等效为 Boost 全桥变换器。变换器能够实现两路主输入源 $U_{in1}$ 和 $U_{in2}$ 的最大功率跟踪控制、蓄电池 $U_b$ 的充放电管理以及负载端 $U_o$ 的电压/功率控制。如果将两个光伏输入整体看做输入源，则整个功率系统也可以看做是由输入源、蓄电池和负载构成的三端口功率系统，根据输入源和负载的功率大小关系，变换器也可以工作在双输出模式、双输入模式以及单输入单输出模式。

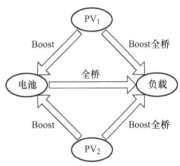

图 5-14  BB-FB-FPC 中的等效功率传输通路

在分析 BB-FB-FPC 变换器具体开关模态之前，作如下假设：

1）一次侧 MOSFET 由理想开关和二极管并联构成，所有开关管和二极管均为理想器件；

2）变压器由漏感和理想变压器构成，所有电感、电容均为理想器件；

3）变压器绕组的匝数比关系为：一次绕组：二次绕组 =1：$n$；

4）一次侧隔直电容 $C_b$ 上的电压为 $U_{Cb}$，且 $U_{Cb}$ 为正值（左正右负）。

图 5-15 给出了变换器的主要工作波形，图中 $T_s$ 为开关周期。变换器在各开关模态等效电路如图 5-16 所示。

开关模态 1 $[t_0, t_1]$：如图 5-16a 所示，$t_0$ 时刻之前，$S_1$、$S_3$ 开通，$S_2$、$S_4$ 关断，二次侧 $VD_{o1} \sim VD_{o4}$ 都导通，二次侧电流从 $VD_{o1}$、$VD_{o4}$ 向 $VD_{o2}$、$VD_{o3}$ 换流；$t_0$ 时刻，$S_1$ 关断、$S_2$ 开通，二次侧电流继续从 $VD_{o1}$、$VD_{o4}$ 向 $VD_{o2}$、$VD_{o3}$ 换流，在此期间，$VD_{o1} \sim VD_{o4}$ 全部导通，变压器二次侧绕组被短路

$$\frac{\mathrm{d}i_P}{\mathrm{d}t} = -\frac{U_b + U_{Cb}}{L_k} \tag{5-2}$$

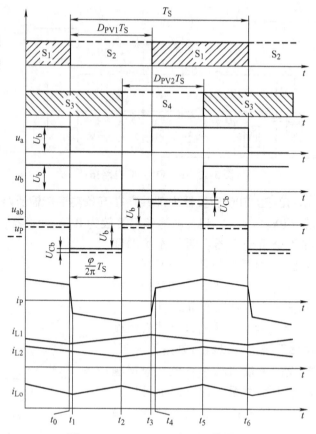

图 5-15  BB-FB-FPC 主要工作波形

该模态持续时间

$$\Delta t_{12} = \frac{n[i_{Lo}(t_1) + i_{Lo}(t_2)]L_k}{U_b + U_{Cb}} \qquad (5\text{-}3)$$

开关模态 2$[t_1, t_2]$：如图 5-16b 所示，$t_2$ 时刻，$i_P = ni_{Lo}$，该模态 $S_2$、$S_3$ 保持导通，$S_1$、$S_4$ 关断，滤波电感 $L_1$ 和 $L_o$ 电流线性增加，$L_2$ 电流线性减小

$$\begin{cases} \dfrac{di_{L1}}{dt} = \dfrac{U_{PV1}}{L_1} \\[2mm] \dfrac{di_{L2}}{dt} = \dfrac{U_{PV2} - U_b}{L_2} \\[2mm] \dfrac{di_{Lo}}{dt} = \dfrac{n[U_b + U_{Cb}] - U_o}{L_o} \end{cases} \qquad (5\text{-}4)$$

流过开关管 $S_2$ 和 $S_3$ 的电流分别为

$$\begin{cases} i_{S2}(t) = i_{L1}(t) + ni_{Lo}(t) \\[2mm] i_{S3}(t) = -i_{L2}(t) + ni_{Lo}(t) \end{cases} \qquad (5\text{-}5)$$

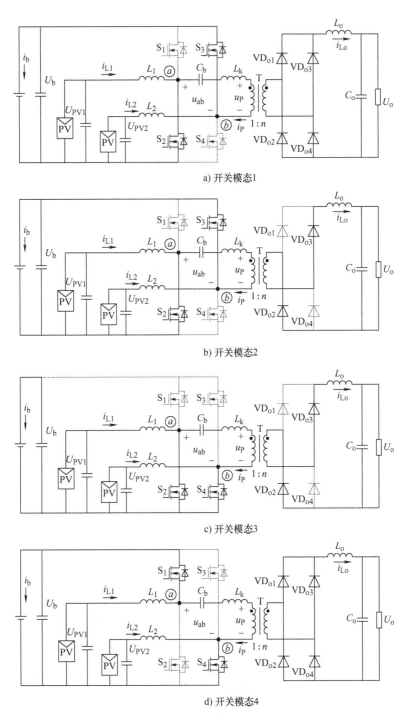

a) 开关模态1

b) 开关模态2

c) 开关模态3

d) 开关模态4

图 5-16 BB-FB-FPC 各开关模态等效电路

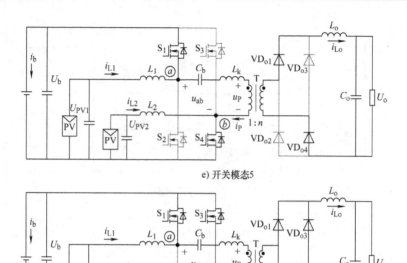

e) 开关模态5

f) 开关模态6

图 5-16　BB-FB-FPC 各开关模态等效电路（续）

开关模态 3$[t_2，t_3]$：如图 5-16c 所示，$t_2$ 时刻，$S_3$ 关断、$S_4$ 导通，$i_{L2}$ 开始线性增加，隔直电容电压 $U_{Cb}$ 加在变压器一次绕组上，二次侧 $VD_{o2}$、$VD_{o3}$ 保持开通，$i_{Lo}$ 线性下降

$$\begin{cases} \dfrac{\mathrm{d}i_{L1}}{\mathrm{d}t} = \dfrac{U_{PV1}}{L_1} \\[2mm] \dfrac{\mathrm{d}i_{L2}}{\mathrm{d}t} = \dfrac{U_{PV2}}{L_2} \\[2mm] \dfrac{\mathrm{d}i_{Lo}}{\mathrm{d}t} = \dfrac{nU_{Cb} - U_o}{L_o} \end{cases} \tag{5-6}$$

流过开关管 $S_4$ 的电流

$$i_{S4}(t) = i_{L2}(t) - ni_{Lo}(t) \tag{5-7}$$

开关模态 4$[t_3，t_4]$：如图 5-16d 所示，$t_3$ 时刻，$S_2$ 关断、$S_1$ 开通，二次侧电流开始从 $VD_{o2}$、$VD_{o3}$ 向 $VD_{o1}$、$VD_{o4}$ 换流，在此期间 $VD_{o1} \sim VD_{o4}$ 全部导通，变压器二次侧绕组被短路

$$\frac{\mathrm{d}i_P}{\mathrm{d}t} = \frac{U_b - U_{Cb}}{L_k} \tag{5-8}$$

该模态持续时间

$$\Delta t_{34} = \frac{n[i_{Lo}(t_3) + i_{Lo}(t_4)]L_k}{U_b - U_{Cb}} \tag{5-9}$$

流过开关管 $S_1$ 的电流

$$i_{S1}(t) = -i_{L1}(t) + ni_{Lo}(t) \tag{5-10}$$

开关模态5$[t_4, t_5]$：如图5-16e所示，$t_4$时刻，$i_P = ni_{Lo}$，二次侧换流结束，$VD_{o1}$、$VD_{o4}$保持导通，在该模态，$i_{L1}$线性减小，$i_{L2}$和$i_{Lo}$线性增加

$$\begin{cases} \dfrac{di_{L1}}{dt} = \dfrac{U_{PV1} - U_b}{L_1} \\[2mm] \dfrac{di_{L2}}{dt} = \dfrac{U_{PV2}}{L_2} \\[2mm] \dfrac{di_{Lo}}{dt} = \dfrac{n(U_b - U_{Cb}) - U_o}{L_o} \end{cases} \tag{5-11}$$

开关模态6$[t_5, t_6]$：如图5-16f所示，$t_5$时刻，$S_4$关断、$S_3$开通，$i_{L1}$、$i_{L2}$线性下降，隔直电容电压$U_{Cb}$加在变压器一次绕组，二次电流开始从$VD_{o1}$、$VD_{o4}$向$VD_{o2}$、$VD_{o3}$换流，在此期间$VD_{o1} \sim VD_{o4}$全部导通，由于$U_{Cb}$较小，换流过程较慢

$$\begin{cases} \dfrac{di_P}{dt} = -\dfrac{U_{Cb}}{L_k} \\[2mm] \dfrac{di_{L1}}{dt} = \dfrac{U_{PV1} - U_b}{L_1} \\[2mm] \dfrac{di_{L2}}{dt} = \dfrac{U_{PV2} - U_b}{L_2} \\[2mm] \dfrac{di_{Lo}}{dt} = -\dfrac{U_o}{L_o} \end{cases} \tag{5-12}$$

若在$t_6$时刻，即当前开关周期结束时刻，二次电流换流尚未结束，则下个开关周期从上述开关模态1开始。若$t_6$时刻之前，二次侧换流已经结束，则变换器进入第七个开关模态，该模态的等效电路如图5-17所示。此时二次侧$VD_{o2}$、$VD_{o3}$开通，$VD_{o1}$、$VD_{o4}$关断，在该种情况下，变换器在当前开关周期结束后，下一个开关周期将直接从上述开关模态2开始，一个开关周期内变换器仍有六个主要的开关模态。

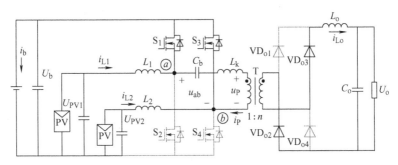

图5-17 BB-FB-FPC在开关模态7的等效电路

### 5.3.3 特性分析

1. 隔直电容电压

定义开关管 $S_2$ 和 $S_4$ 的占空比分别为 $D_{PV1}$ 和 $D_{PV2}$，开关管 $S_2$ 和 $S_4$ 开通时刻之间的移相角为 $\varphi$。由于两个开关桥臂开关管的占空比不一致，在隔直电容上产生电压 $U_{Cb}$，根据变压器一次绕组的伏秒平衡

$$
\begin{aligned}
U_{Cb} &= \int_0^{T_S} u_p \mathrm{d}t = U_b\left[\left(D_{PV2} + \frac{\varphi}{2\pi} - D_{PV1}\right) - \frac{\varphi}{2\pi}\right] \\
&= U_b(D_{PV2} - D_{PV1}) \\
&= U_b \Delta D_{PV21}
\end{aligned}
\tag{5-13}
$$

其中，$\Delta D_{PV21} = D_{PV2} - D_{PV1}$。

2. 变压器偏磁电流

忽略电感电流纹波和电流换向过程的影响，并假设变压器励磁电感偏置电流为 $I_{Bias}$，则根据隔直电容电荷平衡

$$
(nI_o - I_{Bias})D_{PV1} = (1 - D_{PV1})(nI_o + I_{Bias}) \tag{5-14}
$$

由此得到

$$
I_{Bias} = (2D_{PV1} - 1)nI_o = (2D_{PV1} - 1)n\frac{P_o}{U_o} \tag{5-15}
$$

设计变压器时，必须将励磁电感电流偏置考虑在内。根据式(5-15) 可知，从减小变压器励磁电感电流偏置的角度，开关管 $S_2$ 的占空比等于 0.5 是变压器的最佳工作点。

3. 端口电压关系

在变换器的一次侧，从输入源到蓄电池等效为 Boost 变换器，因此一次电压关系满足

$$
\begin{cases}
U_b = \dfrac{U_{PV1}}{1 - D_{PV1}} \\[3mm]
U_b = \dfrac{U_{PV2}}{1 - D_{PV2}}
\end{cases}
\tag{5-16}
$$

根据图 5-15 所示占空比和移相角的关系，忽略电流换向过程引起的占空比丢失时

$$
\begin{aligned}
U_o &= n\left\{\frac{\varphi}{2\pi}(U_b + U_{Cb}) + \left(D_{PV2} - D_{PV1} + \frac{\varphi}{2\pi}\right)(U_b - U_{Cb})\right. \\
&\quad \left. + \left[1 - \left(\frac{\varphi}{2\pi} + D_{PV2} - D_{PV1} + \frac{\varphi}{2\pi}\right)\right]|U_{Cb}|\right\} \\
&= \begin{cases}
nU_b\left[\dfrac{\varphi}{\pi} + 2\Delta D_{PV21} - \left(2\Delta D_{PV21}^2 + \dfrac{\Delta D_{PV21}\varphi}{\pi}\right)\right], & \Delta D_{PV21} > 0 \\[4mm]
nU_b\left[\dfrac{\varphi}{\pi} + \dfrac{\Delta D_{PV21}\varphi}{\pi}\right], & \Delta D_{PV21} < 0
\end{cases}
\end{aligned}
$$

$$= \begin{cases} nU_b\left[\dfrac{\varphi}{\pi}(1-\Delta D_{PV21})+2\Delta D_{PV21}-2\Delta D_{PV21}^2\right], \Delta D_{PV21}>0 \\ nU_b\left[\dfrac{\varphi}{\pi}(1+\Delta D_{PV21})\right], \Delta D_{PV21}<0 \end{cases} \tag{5-17}$$

由式(5-17)可知，BB-FB-FPC一次侧开关管占空比固定的情况下，输出电压与移相角 $\varphi$ 成正比，同时两桥臂开关管占空比的不对称也会对输出电压产生影响。考虑到 BB-FB-FPC 的一次侧主要进行蓄电池充电控制和输入源的最大功率跟踪控制，实际应用时，可以设置开关管的占空比调节带宽远低于移相角 $\varphi$ 的调节带宽，从而减小桥臂开关管占空比的不对称对输出电压产生的扰动。

忽略滤波电感电流纹波，在一个开关周期内，二次电流共换向两次，假设换向引起的等效占空比丢失为 $D_{Loss}$，则有

$$\frac{U_b D_{Loss} T_S}{L_k}=4nI_o \tag{5-18}$$

因此

$$D_{Loss}=\frac{4nI_o L_k}{U_b T_S}=\frac{4nP_o L_k}{U_o U_b T_S} \tag{5-19}$$

考虑漏感引起的占空比丢失时，输出电压为

$$U_o = \begin{cases} nU_b\left[\dfrac{\varphi}{\pi}(1-\Delta D_{PV21})+2\Delta D_{PV21}-2\Delta D_{PV21}^2-\dfrac{4n^2 P_o L_k}{U_o T_S}\right], \Delta D_{PV21}>0 \\ nU_b\left[\dfrac{\varphi}{\pi}(1+\Delta D_{PV21})-\dfrac{4n^2 P_o L_k}{U_o T_S}\right], \Delta D_{PV21}<0 \end{cases} \tag{5-20}$$

根据式(5-16)和式(5-20)可知，一次侧两个开关桥臂开关管的占空比可以作为两个独立的控制变量，分别实现两个输入源输入电压和功率的控制，即实现两路光伏输入独立的最大功率跟踪以及蓄电池充电管理，开关管 $S_2$ 和 $S_4$ 开通时刻之间的移相角作为另外一个控制变量，可以实现负载电压的控制。

需要注意的是，只有在占空比和移相角满足图5-15所示关系情况下，式(5-20)才成立，此时占空比和移相角必须满足

$$\begin{cases} \dfrac{\varphi}{2\pi}\leqslant D_{PV1} \\ D_{PV2}+\dfrac{\varphi}{2\pi}-D_{PV1}\leqslant 1-D_{PV1} \end{cases} \tag{5-21}$$

也即

$$\frac{\varphi}{2\pi}\leqslant D_{PV1}\text{并且}\frac{\varphi}{2\pi}\leqslant 1-D_{PV2} \tag{5-22}$$

4. 软开关特性

BB-FB-FPC通过采用移相控制，一次侧四个开关管都有可能实现零电压开关，但不同位置的开关管其零电压开通的条件不同。

注意到，开关管 $S_1$ 和 $S_3$ 分别是一次侧两个 Boost 电路的同步整流管，因此，在一次侧电感 $L_1$、$L_2$ 中储存能量和变压器漏感中储存能量的共同作用下，这两个开关桥臂的上管可以很容易地实现 ZVS。

开关管 $S_2$ 和 $S_4$ 软开关特性与隔直电容中电压极性有关，在上述开关模态分析中所假设的情况下，即 $\Delta D_{PV21} > 0$、$U_{Cb} > 0$ 时，在 $t_2$ 时刻 $S_3$ 关断后，流过 $S_4$ 的电流取决于电感 $L_2$ 电流和滤波电感电流在一次侧反射电流的差值。考虑到滤波电感的感值相对开关管寄生电容很大，因此该情况下 $S_4$ 的零电压开通条件近似为

$$-nI_o + I_{L2} < 0 \tag{5-23}$$

也即

$$\frac{P_{PV2}}{U_{PV2}} < \frac{nP_o}{U_o} \tag{5-24}$$

根据式（5-24）可知，输出功率越大、$PV_2$ 输入的功率越小，$S_4$ 越容易实现软开关。

对于开关管 $S_2$，其只能利用变压器漏感能量实现零电压开通，在 $t_0$ 时刻开关管 $S_1$ 关断、$S_2$ 开通，$S_2$ 的零电压开关条件为

$$\frac{1}{2}L_k\left[i_p(t_0) - i_{L1}(t_0)\right]^2 > U_b C_{oss}^2, i_p(t_0) > i_{L1}(t_0) \tag{5-25}$$

根据式（5-25）可知，输出功率越大、$PV_1$ 输入的功率越小，开关管 $S_2$ 越容易实现软开关。

当 $\Delta D_{PV21} < 0$、$U_{Cb} < 0$ 时，开关管 $S_2$ 和 $S_4$ 的零电压开关条件相反，此时 $S_4$ 只能利用漏感能量实现软开关。

### 5.3.4 控制与调制策略

对于图 5-13 所示由两组光伏输入（$PV_1$、$PV_2$）、一组蓄电池（$U_b$）和一个负载（$U_o$）构成的四端口功率变换系统，具有如下控制需求：

1）稳定的负载端电压，即无论两个输入源功率如何变化，负载端保持恒定的电压；

2）两个光伏输入的 MPPT 控制；

3）蓄电池的充电电压和充电电流控制。

$PV_1$、$PV_2$ 和蓄电池共同向负载供电，两个光伏输入源和蓄电池的功率总是相互补偿的。任意时刻，两个光伏输入和蓄电池共同形成的三个端口中，最多只有两个端口处于受控状态：当蓄电池端未达到充电电压和电流限制时，两个光伏输入端受控并各自工作在 MPPT 状态；若光伏输入端的输入功率增大使得蓄电池端达到充电电压或电流限制时，两个光伏输入端中将有一个首先退出 MPPT 状态，此时只有一个光伏输入端和蓄电池端受控，系统工作在 MPPT-蓄电池充电控制混合状态；若

光伏输入端的输入功率继续增大，则会使两个光伏输入端全部退出 MPPT 状态，此时只有蓄电池端受控，系统工作于蓄电池充电控制状态。

为了满足上述控制需求，提出的 BB-FB-FPC 控制策略如图 5-18 所示。控制系统共采用三组控制器，即蓄电池控制器、PV 控制器和负载控制器。蓄电池控制器包括电压调节器和电流调节器，分别实现蓄电池恒压充电和恒流充电控制；PV 控制器包括两个独立的电压控制器，两个电压控制器的基准分别由 MPPT 控制器的输出给定，分别用于实现两组 PV 输入的电压及功率控制，从而实现两路 PV 输入的分布式 MPPT；负载控制器则用于实现输出电压稳定。$PV_1$ 电压控制器的输出 $u_{IVR1}$ 与蓄电池控制器的输出 $u_{BVR}$、$u_{BCR}$ 共同产生 $S_1$ 和 $S_2$ 占空比，$PV_2$ 电压控制器的输出 $u_{IVR2}$ 与蓄电池控制器的输出共同产生 $S_3$ 和 $S_4$ 占空比，负载控制器的输出 $u_{OVR}$ 用于调节开关桥臂的移相角实现输出电压的控制。采用竞争机制，通过引入两个最小值选择器，自动在蓄电池和输入电压各个调节器的输出中选取最小值作为控制信号，使得系统自动在光伏侧 MPPT 控制和蓄电池充电控制之间平滑切换：当蓄电池电压、电流未达到设置值时，蓄电池电压、电流调节器的输出处于正饱和状态，$u_{BVR}$ 和 $u_{BCR}$ 为最大值，因此 $u_{cPV1} = u_{IVR1}$、$u_{cPV2} = u_{IVR2}$，两个光伏输入端都工作在 MPPT 状态；当蓄电池电压或电流达到设置值时，电压或电流调节器的输出自动退出正饱和而减小，当 $u_{BCR}$ 或 $u_{BVR}$ 小于 $u_{IVR1}$ 或 $u_{IVR2}$ 时，自动使得对应的光伏输入端电压升高而退出 MPPT 状态，由于两个光伏端都通过等效的 Boost 变换器向蓄电池充电，且两个 Boost 输出端并联，因此，当 $u_{BCR}$ 或 $u_{BVR}$ 减小时，输出电压较低的光伏端口将首先退出 MPPT 状态。

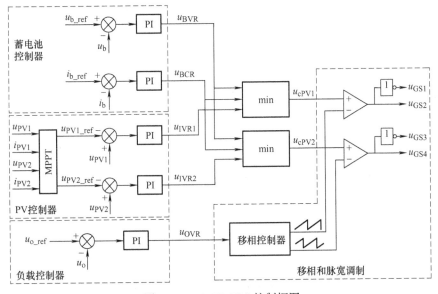

图 5-18　BB-FB-FPC 控制框图

### 5.3.5　实验结果与分析

搭建了一台 BB-FB-FPC 原理样机，样机参数见表 5-1。采用实际的光伏组件、蓄电池组和直流电子负载对变换器进行了测试。

表 5-1　BB-FB-FPC 原理样机参数

| 名　称 | 数　值 |
|---|---|
| 输入电压 $U_{PV1}$，$U_{PV2}$/V | 30～50 |
| 输入功率 $P_{PV1}$，$P_{PV2}$/W | 0～500 |
| 输出电压/V | 100 |
| 输出功率/W | 0～500 |
| 蓄电池电压/V | 64～80 |
| 开关管 $S_1$～$S_4$ | FDP2532 |
| 整流二极管 $VD_{01}$～$VD_{04}$ | MBR10200CT |
| 滤波电容 $C_1$，$C_2$，$C_o$/μF | 440 |
| 输出滤波电感 $L_o$/μH | 80 |
| 原边滤波电感 $L_1$，$L_2$/μH | 72 |
| 变压器匝数比（二次侧：一次侧） | 1.66 |
| 隔直电容 $C_b$/μF | 15 |
| 开关频率/kHz | 100 |

图 5-19 是 BB-FB-FPC 的稳态实验波形，图中实验波形的测试条件：$U_b=72V$，$U_{PV1}=39V$，$U_{PV2}=42V$，$P_{PV1}=150W$，$P_{PV2}=300W$，负载功率 $P_o=270W$，变换器工作在双输出模式。从图中可以看到，两个输入源的电流不等，表明两个输入源的功率可以各自独立控制。

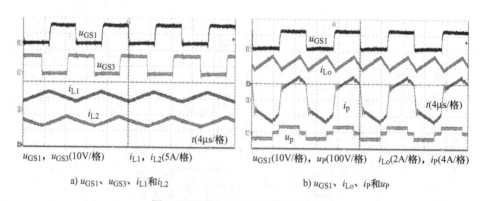

a) $u_{GS1}$、$u_{GS3}$、$i_{L1}$和$i_{L2}$　　　b) $u_{GS1}$、$i_{Lo}$、$i_p$和$u_p$

图 5-19　BB-FB-FPC 稳态实验波形

图 5-20 是负载满载条件下开关管的驱动和漏源电压波形，从图中可以看到，变换器一次侧的四个开关管都实现了 ZVS。

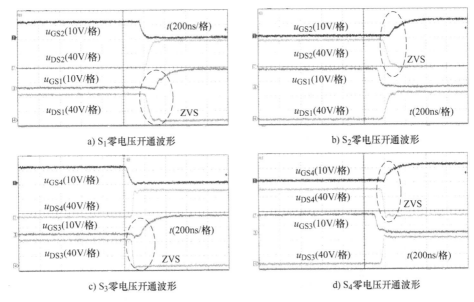

a) $S_1$零电压开通波形    b) $S_2$零电压开通波形

c) $S_3$零电压开通波形    d) $S_4$零电压开通波形

图 5-20　BB-FB-FPC 开关管零电压开关实验波形

　　图 5-21 是光伏端缓启过程的实验测试波形。光伏端起动之前，蓄电池单独向负载供电，变换器工作于单输入单输出模式；光伏端起动后，蓄电池和光伏共同向负载供电，但初始阶段，光伏输入的总功率小于负载端功率，变换器工作于双输入模式；随着光伏输入功率的增加，蓄电池由放电状态转入充电状态，变换器工作于双输出模式。从图中实验结果可知，变换器可以在不同工作模式之间平滑切换，模式切换过程中输出电压保持稳定。

　　图 5-22 是其中一路光伏输入被局部遮挡时的实验测试波形。当 $PV_1$ 被局部遮挡时，该路光伏输入电流快速下降，但另外一路光伏输入不受影响，由于负载端功率保持不变，蓄电池电流跟随 $PV_1$ 的输出功率而发生变化，从而保持负载端电压稳定。实验测试结果表明，该变换器可以实现两路光伏输入的分布式、独立 MPPT 控制。

　　图 5-23 是突加、突卸负载实验波形，图中自上至下分别为输出电压、输出电流、蓄电池电流和 $PV_1$ 的输入电流。在突加负载之前，蓄电池工作在充电状态，系统工作于双输出模式；突加负载之后，蓄电池工作在放电状态，系统工作于双输入模式；负载切除后，系统重新工作于双输出模式。从图中可以看到，突加突卸负载过程中，输出电压和光伏输入电流都保持稳定，蓄电池端电流能够快速跟踪负载电流变化，系统可以在不同工作模式之间快速、平滑切换。

　　图 5-24 是系统在光伏端 MPPT 控制和蓄电池充电控制之间转换的实验测试波形。当蓄电池充电电压达到设置时，由于 $PV_2$ 的最大功率点电压低于 $PV_1$ 的最大功率点电压，$PV_2$ 首先退出 MPPT 控制，并且在充电控制器的作用下升高 $PV_2$ 的端

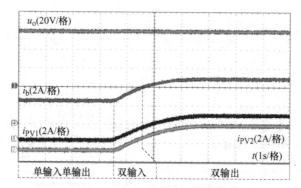

a) 输出电压、蓄电池电流和光伏输入电流

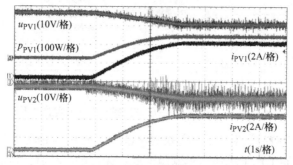

b) 光伏输入电压和电流

图 5-21　BB-FB-FPC 光伏端缓启过程实验测试波形

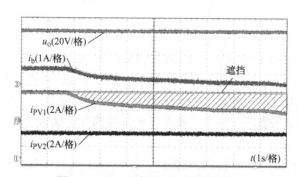

图 5-22　PV$_1$ 局部遮挡实验测试波形

电压从而减小输入功率；此时若进一步减小负载，由于蓄电池充电功率恒定，PV$_2$ 的端电压进一步升高，直到等于 PV$_1$ 的最大功率点电压时，PV$_1$ 和 PV$_2$ 的端电压共同升高，因此 PV$_1$ 也退出了 MPPT 控制；重新增大负载功率时，PV$_1$ 又重新进入 MPPT 控制状态。

上述实验测试结果表明，变换器可以适应不同工作模式的控制需求，实现不同工作模式之间的快速、平滑切换，同时能够在兼顾蓄电池充电控制的前提下有效实现光伏输出功率的最大化，保证负载端的连续、稳定供电。

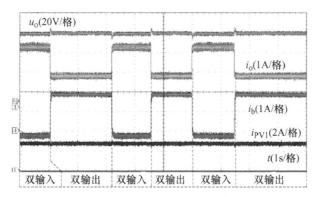

图 5-23 BB-FB-FPC 突加、突卸负载实验波形

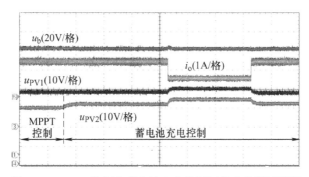

图 5-24 MPPT 控制和蓄电池充电控制切换实验测试波形

## 5.4 H 桥三端口直流变换器分析与验证

通过将 FBC 的开关桥臂与非隔离 BC 的开关桥臂集成,无需增加有源开关器件就获得了系列化全桥三端口及多端口拓扑结构,但该方式需要额外在全桥变换器一次侧电路中引入滤波电感。事实上,如果将 FBC 变压器励磁电感加以利用,则无需增加任何有源或无源器件数量,只需对电路连接方式略作调整,就可以实现功率路径重构、得到新型的三端口直流变换器拓扑。

### 5.4.1 电路构成原理

将图 5-2a 所示 FBC 等效电路重画如图 5-25a 所示,两个矩形波电压源彼此独立,即分别用两个直流源和开关桥臂并联构成两个矩形波电压源,同时去掉 FBC 一次侧隔直电容、并将 FBC 变压器励磁电感加以考虑,则可以得到图 5-25b 所示三端口变换器电路结构。该变换器的一次侧等效为 H 桥升降压变换器,如图 5-26 所示。因此,将图 5-25b 电路称为 H 桥 TPC。

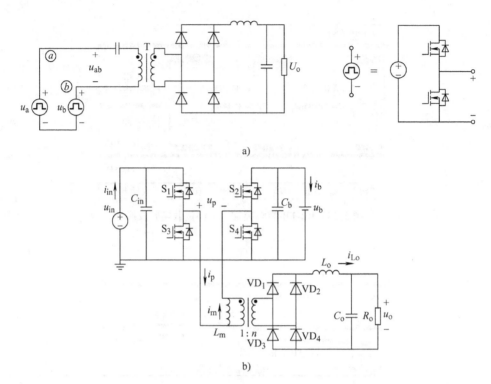

a)

b)

图 5-25　H 桥三端口变换器拓扑构成

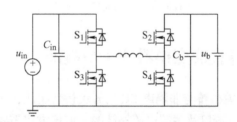

图 5-26　一次侧等效 H 桥升降压变换器

图 5-25b 所示的 H 桥-TPC 中，变压器一次侧励磁电感 $L_m$ 同时用做 H 桥升降压变换器的滤波电感，用于实现输入源和蓄电池之间的功率变换，即变换器采用了电感-变压器复用的方式。根据 H 桥-TPC 拓扑生成过程可知，输入源与蓄电池之间的等效功率传输电路为 H 桥升降压变换器。因此，输入源的电压可以大于、小于或等于蓄电池电压，即允许输入源电压在很宽范围内变化。由图 5-25b 可知，H 桥-TPC 拓扑结构具有对称性，输入源到负载的等效功率传输电路与蓄电池到负载的等效功率传输电路完全相同，如图 5-27 所示，该等效电路与全桥变换器具有相似的结构。

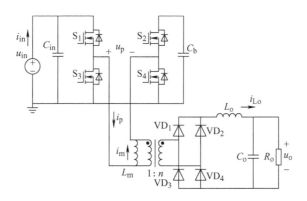

图 5-27 输入源到负载端口间等效功率传输电路

## 5.4.2 工作原理分析

HB-TPC 一次侧电路等效为 H 桥升降压变换器，输入源电压 $u_{in}$ 可以大于、等于或小于蓄电池电压 $u_b$，以 $u_{in} \geq u_b$ 的情形为例进行分析。与全桥变换器类似，HB-TPC 中，同一桥臂的两个开关管互补导通，变换器在一个开关周期内共有四种可能的工作模态。图 5-28 给出了变换器双输出状态下的主要工作波形。图 5-29 分别给出了四种开关模态下的等效电路。

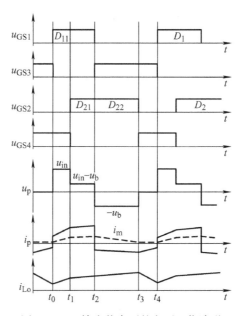

图 5-28 双输出状态下的主要工作波形

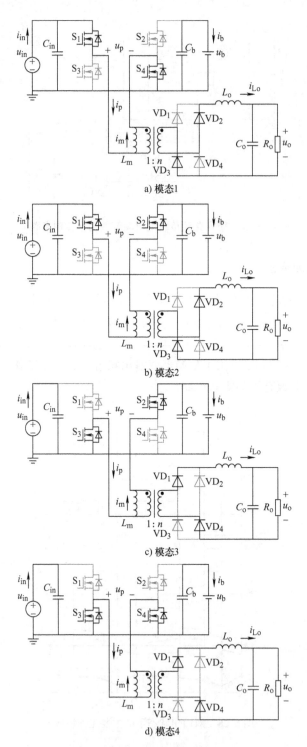

a) 模态1

b) 模态2

c) 模态3

d) 模态4

图 5-29　不同工作模态等效电路

模态 1（$t_0 \sim t_1$），如图 5-29a 所示：$t_0$ 时刻前，开关管 $S_3$、$S_4$ 导通，$S_1$、$S_2$ 关断。励磁电感电流 $i_m$ 由 $S_3$、$S_4$ 续流。$t_0$ 时刻，$S_1$ 开通，$S_3$ 关断。变压器一次电流 $i_p$、励磁电感电流 $i_m$ 和滤波电感电流 $i_{Lo}$ 满足

$$\begin{cases} \dfrac{di_m}{dt} = \dfrac{u_{in}}{L_m} \\[2mm] \dfrac{di_{Lo}}{dt} = \dfrac{nu_{in} - u_o}{L_o} \\[2mm] i_p = i_m + ni_{Lo} \end{cases} \tag{5-26}$$

模态 2（$t_1 \sim t_2$），如图 5-29b 所示：$t_1$ 时刻，开关管 $S_2$ 开通，$S_4$ 关断，满足

$$\begin{cases} \dfrac{di_m}{dt} = \dfrac{u_{in} - u_b}{L_m} \\[2mm] \dfrac{di_{Lo}}{dt} = \dfrac{n(u_{in} - u_b) - u_o}{L_o} \\[2mm] i_p = i_m + ni_{Lo} \end{cases} \tag{5-27}$$

模态 3（$t_2 \sim t_3$），如图 5-29c 所示：$t_2$ 时刻，开关管 $S_3$ 开通，$S_1$ 关断，满足

$$\begin{cases} \dfrac{di_m}{dt} = \dfrac{-u_b}{L_m} \\[2mm] \dfrac{di_{Lo}}{dt} = \dfrac{nu_b - u_o}{L_o} \\[2mm] i_p = i_m - ni_{Lo} \end{cases} \tag{5-28}$$

模态 4（$t_3 \sim t_4$），如图 5-29d 所示：$t_3$ 时刻，开关管 $S_4$ 开通，$S_2$ 关断，满足

$$\begin{cases} \dfrac{di_{Lo}}{dt} = \dfrac{-u_o}{L_o} \\[2mm] \dfrac{di_m}{dt} = 0 \end{cases} \tag{5-29}$$

由工作模态分析可知，HB-TPC 工作方式与移相全桥类似，利用变压器漏感储能，也能够实现所有开关管的零电压开通。

假设 $S_1$ 与 $S_2$ 的占空比分别为 $D_1$、$D_2$；模态 1 占空比为 $D_{11}$；模态 2 占空比为 $D_{21}$；模态 3 占空比为 $D_{22}$。根据变压器励磁电感及输出滤波电感伏秒积平衡关系，得到 $U_{in} \geq U_b$ 时，输入源电压 $U_{in}$、蓄电池电压 $U_b$ 及负载电压 $U_o$ 之间的稳态电压关系

$$U_{in} = (D_2/D_1)U_b \tag{5-30}$$

$$U_o = n[D_{11}U_{in} + D_{21}(U_{in} - U_b) + D_{22}U_b] = 2nD_{22}U_b \tag{5-31}$$

由式（5-30）可知，$U_{in}$ 与 $U_b$ 的电压关系与 H 桥升降压变换器相同，由 $D_1$、$D_2$ 的比值决定；由式（5-31）可知，$U_o$ 则由占空比 $D_{22}$ 和 $U_b$ 决定，$D_{22}$ 即为开关 $S_1$、$S_2$ 的关断移相角。实际中，近似认为 $U_b$ 恒定，通过调节 $S_1$ 和 $S_2$ 占空比的大小，可

以实现输入源端的电压（或电流）控制，从而实现对主电源输入功率的控制；通过调节 $S_1$ 和 $S_2$ 占空比的关断移相角，可以实现输出端负载电压（或电流）的控制。

当 $U_{in} < U_b$ 时，变换器的开关模态和等效电路与 $U_{in} \geq U_b$ 时完全相同，其不同在于，模态 2 时，变压器一次电压 $u_p$ 经过变压器二次侧整流电路后的电压为 $n(U_b - U_{in})$，由此得到 $U_{in} < U_b$ 时的输出电压表达式：

$$U_o = n[D_{11}U_{in} + D_{21}(U_b - U_{in}) + D_{22}U_b] = 2nD_{11}U_{in} \tag{5-32}$$

其中，$D_{11}$ 为开关 $S_1$、$S_2$ 的开通移相角，因此也可通过调节两个桥臂的占空比相位，实现对输出端的控制。下面以 $U_{in} \geq U_b$ 情形为例，分析控制和调制策略。

### 5.4.3　控制与调制策略

根据端口电压关系，调节 $D_1$、$D_2$ 比值可以控制输入源电压，调节 $D_1$、$D_2$ 移相角可以控制输出电压，在满足上述输入输出电压关系时，占空比大小有多种可能的取值。由于变压器励磁电感同时用做滤波电感，实现输入和蓄电池之间的功率传输，故励磁电流存一定的直流偏置，但过大偏磁不利于变压器的工作效率，因此开关策略应尽量减小励磁电流偏置。由输入源端和蓄电池端电容的电荷平衡关系，得到变压器励磁电流平均值 $I_m$ 表达式

$$I_m = I_{in}/D_1 - nI_o \tag{5-33}$$

$$I_m = [I_b + (2D_{22} - D_2)nI_o]/D_2 \tag{5-34}$$

其中，$I_{in}$ 和 $I_b$ 分别为输入源输入电流和蓄电池池充电电流，可见，相同条件下，$D_1$ 和 $D_2$ 越大，$I_m$ 越小，因此，在设计开关策略时应尽可能使得 $D_1$ 和 $D_2$ 最大。由图 5-28 所示的开关时序可知，$D_1$ 与 $D_2$ 的最大值满足

$$D_{1max} = 1 - D_{22} \tag{5-35}$$

$$D_{2max} = D_1 + D_{22} \tag{5-36}$$

由于 $D_1$ 和 $D_2$ 还需要满足式(5-30)、式(5-31) 的关系，因此 $D_1$ 和 $D_2$ 不能同时达到最大值，在同一时刻，只能保证其中一个最大。据此，图 5-30 给出了开关策略。变换器在工作方式 1 时，使得 $D_2$ 保持最大值 $D_{2max}$，通过调节 $D_1$ 实现对输入电压 $U_{in}$ 的调节，调节 $D_1$ 和 $D_2$ 的相位，即 $D_{22}$，实现对输出电压 $U_o$ 的调节；当 $D_1$ 增大到最大值 $D_{1max}$ 时，便转入工作方式 2，此时 $D_1$ 保持最大值 $D_{1max}$，通过减小 $D_2$ 进一步降低 $U_{in}$。两种工作方式可以实现自然的衔接。

工作方式 1，如图 5-30a 所示，输入源端处于高压阶段，此时 $D_{21} = D_1$，满足

$$U_{in} = (D_2/D_1)U_b = (1 + D_{22}/D_1)U_b \tag{5-37}$$

$$U_o = 2nD_{22}U_b = 2n(D_2 - D_1)U_b \tag{5-38}$$

工作方式 2，如图 5-30b 所示，输入源端处于低压阶段，此时 $D_1 = 1 - D_{22}$，无续流模态，满足

$$U_{in} = (D_2/D_1)U_b = (D_{21} + D_{22})/(1 - D_{22})U_b \tag{5-39}$$

$$U_o = 2nD_{22}U_b = 2n(1 - D_1)U_b \tag{5-40}$$

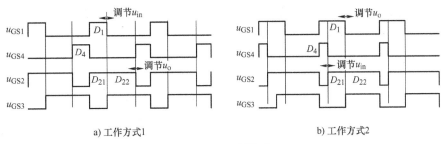

a) 工作方式1　　　　　　　　　　　　　b) 工作方式2

图 5-30　调制策略

### 5.4.4　实验结果与分析

搭建了一台 HB-TPC 的原理样机，系统参数如下：$u_{in} = 40 \sim 75V$，$u_o = 42V$，$u_b = 32V(26 \sim 38V)$，输入端最大功率 $300W$，输出功率 $170W$；样机参数：$C_1 = C_2 = 470\mu F$，$S_1 \sim S_4$：IR3710，$VD_1 \sim VD_4$：SRF20200C，变压器一、二次侧匝数比 $1:1.33$，励磁电感 $L_m = 65\mu H$，$L_o = 100\mu H$，开关频率 $100kHz$。

图 5-31 给出了工作方式 2 下，变换器分别在双输入和双输出状态下的实验波形。可见，两种工作状态下，波形形状完全一致，其区别仅在于蓄电池的充放电状

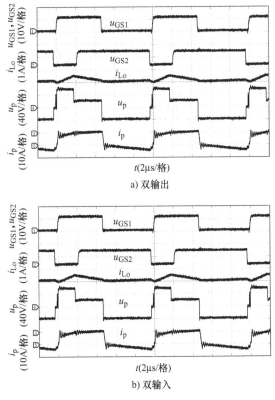

a) 双输出

b) 双输入

图 5-31　工作方式 2 实验波形

103

态，反映在变压器一次电流 $i_p$ 直流偏置的不同，实验与理论分析一致。如图 5-31 所示，工作方式 2 下，占空比 $D_1$ 为最大值 $D_{1max}$；图 5-32 给出了工作方式 1 双输出工作状态下的实验波形，此时占空比 $D_2$ 为最大值 $D_{2max}$，与理论分析一致。

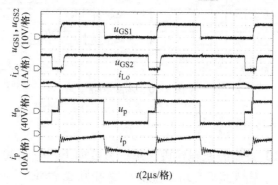

图 5-32 工作方式 1 实验波形（双输出）

图 5-33 分别给出了满载双输出状态下，开关管的驱动和漏源极电压，可见四个开关管都实现了零电压开通。

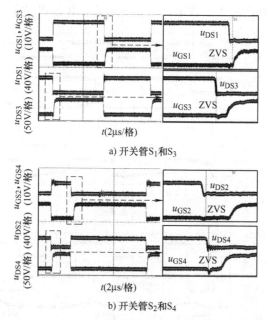

a) 开关管 $S_1$ 和 $S_3$

b) 开关管 $S_2$ 和 $S_4$

图 5-33 开关管驱动和漏源极电压

## 5.5 其他全桥型多端口变换器

基于功率路径重构法的 MPC 构造方法可以推广应用于其他采用桥式结构的两端口变换器，例如移相控制双有源桥（Dual Active Bridge，DAB）变换器、变频控制谐振变换器等。下面以 DAB 变换器为例进行简要分析和说明。

图 5-34 所示的 DAB 全桥双向直流变换器,其一次侧和二次侧都由全桥电路构成,一、二次侧全桥电路的开关管都以固定的 0.5 占空比工作,通过一、二次侧全桥电路的移相控制实现双向功率的传输和控制,而开关桥臂的占空比等多个冗余控制变量并未加以利用。

参照前述全桥 MPC 电路拓扑的构成方法,将 DAB 全桥双向变换器一次侧的开关桥臂与非隔离 BC 集成,可以得到一系列 DAB 多端口变换器(DAB-MPC),其中,由 Buck-Boost 非隔离 BC 与 DAB 全桥双

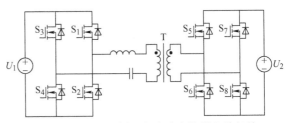

图 5-34　DAB 全桥双向直流变换器电路拓扑

向直流变换器集成构成的 DAB-MPC 拓扑示例如图 5-35 所示。图中所示拓扑与基于传统移相控制 FBC 得到的多端口变换器的区别在于,图 5-35 中变换器的所有端口的功率都可以双向流动,因此可以应用于具有负载能量回馈要求的场合。

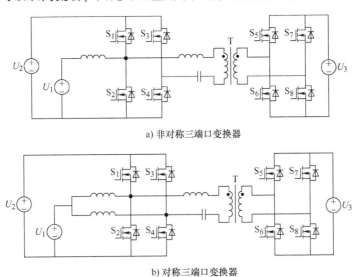

a) 非对称三端口变换器

b) 对称三端口变换器

c) 四端口变换器

图 5-35　DAB-MPC 拓扑示例

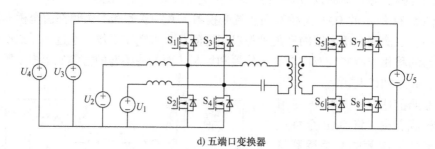

d) 五端口变换器

图 5-35    DAB-MPC 拓扑示例（续）

相同的方法和思路还可以应用于图 5-36 所示的采用移相控制的 DAB 半桥双向直流变换器。将非隔离 BC 与 DAB 半桥双向变换器的开关桥臂集成，也可以得到一族 DAB 半桥 TPC 拓扑，如图 5-37 所示，图中变换器的三个端口的功率能够双向流动，可以应用于混合储能系统等具有负载能量回馈要求的场合。

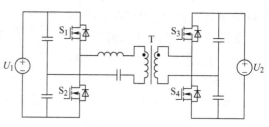

图 5-36    DAB 半桥双向直流变换器电路拓扑

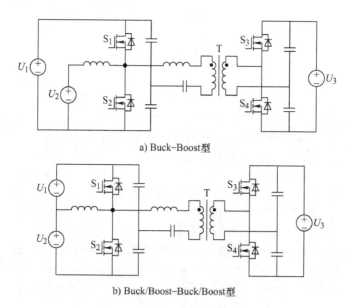

a) Buck-Boost型

b) Buck/Boost-Buck/Boost型

图 5-37    DAB 半桥三端口变换器拓扑族

106

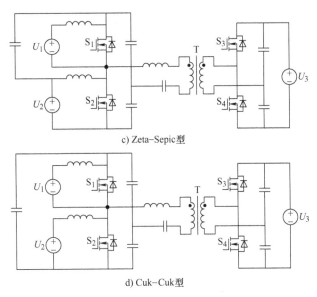

c) Zeta–Sepic型

d) Cuk–Cuk型

图 5-37　DAB 半桥三端口变换器拓扑族（续）

图 5-35 和图 5-37 所示的各种 DAB-MPC 电路拓扑的工作原理和控制方式是相似的，对于 DAB 与非隔离 BC 共享的开关桥臂，需要采用脉宽调制方式，通过调节桥臂开关管的占空比实现非隔离 BC 两个端口的电压/功率平衡控制，而对于 DAB 一、二次侧的开关桥臂，则需要采用移相控制方式，通过调节一、二次侧开关桥臂的移相角实现 DAB 一、二次侧端口的电压/功率平衡控制。

## 5.6　本章小结

本章以全桥型三端口和多端口变换器的拓扑族衍生为例，研究了"功率路径重构法"的 TPC 拓扑物理构造的具体方法和过程。利用移相控制 FBC 两个开关桥臂开关管的占空比所形成的两个冗余功率控制变量，并将 FBC 的开关桥臂与非隔离 BC 的开关桥臂集成，以此重构 TPC 功率传输所需的端口和功率路径，得到了全桥 TPC 拓扑族；改变全桥 TPC 拓扑一次侧两路非隔离 BC 的连接方式，推导得到了全桥四端口变换器和全桥五端口变换器拓扑族。此外，将 FBC 中变压器励磁电感加以利用，并改变两个开关桥臂的连接方式，得到了适应电压宽范围变化的 H 桥三端口变换器拓扑。将上述方法推广应用于全桥式 DAB 双向直流变换器和半桥式 DAB 双向直流变换器等自身存在冗余功率控制变量的两端口变换器，得到了一系列 DAB 多端口双向变换器拓扑族。相对于半桥 TPC，全桥 TPC 更适合中大功率场合应用。

# 第6章 基于有源升压整流单元的全桥三端口直流变换器

第3~5章分别阐述了利用"组合-优化法""控制变量重构法"和"功率路径重构法"构造非隔离型 TPC、半桥型 TPC 和全桥型 TPC 的具体方法。事实上，几种 TPC 拓扑构造方法彼此也并非相互独立的，在根据实际应用需求构造 TPC 拓扑时，可以针对性地选择上述方法中的一种，也可以综合应用两种甚至多种方法。本章将综合利用"控制变量重构法"和"功率路径重构法"，以交错并联双向 Buck/Boost 变换器为基础，提出并研究一类基于有源升压整流单元的全桥型三端口变换器。

## 6.1 电路构成方法

交错并联双向 Buck/Boost 变换器（Interleaved Buck/Boost Converter，IBBC）电路拓扑如图 6-1 所示，变换器由两个开关桥臂并联构成，$S_1$、$S_2$ 和 $S_3$、$S_4$ 分别构成 1# 和 2# 两个开关桥臂，且在桥臂中点（A 和 B）分别引出滤波电感 $L_1$、$L_2$ 构成双向 Buck/Boost 变换器。以 $U_1$ 输入、$U_2$ 输出为例，给出 IBBC 的关键工作波形如图 6-2 所示，同一开关桥臂的上下两个开关管互补导通，且两个开关桥臂始终交错 180° 工作，通过控制两个桥臂上管（$S_1$ 和 $S_3$）的占空比 D 实现输出电压 $U_2$ 的控制。

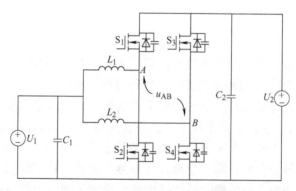

图 6-1 交错并联 Buck/Boost 变换器

由图 6-2 可知，IBBC 两开关桥臂中点之间会产生一个幅值为 $U_2$ 的高频交流电压 $u_{AB}$，因此，图 6-1 中 IBBC 的两个开关桥臂可以等效为一个电压型全桥逆变单元。但该逆变单元是 IBBC 正常运行时自然产生的，当 IBBC 的占空比 D 发生变化时，该高频交流电压的脉宽也随之变化。换言之，如果不改变 IBBC 的工作方式，

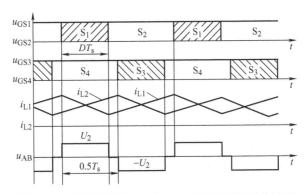

图 6-2　交错并联双向 Buck/Boost 变换器关键工作波形

该逆变单元的输出电压并不是受控的。若想利用该寄生的全桥逆变单元，获得新的、完全受控的直流输出端口，则不仅要补充相应的功率传输支路，同时还要使该支路具备相应的控制变量，使得新引入的直流输出独立受控。

众所周知，高频交流电压经整流可以获得直流电压，如图 6-3 所示。换言之，只要在 IBBC 两个桥臂中点引入整流电路，就可以建立一条面向第三端口的功率传输支路。然而，无源整流电路不具备电压调控能力，为了使得第三端口的电压独立受控，可以将无源整流电路替换为有源整流电路。

无桥 Boost 整流（Bridgeless Boost Rectifier，BBR）电路可以将交流电压转化为直流电压，并以其低开通损耗和低器件数量等优势在低压整流、功率因数校正等场合得到广泛的应用。对于图 6-3 中所示的高频脉动电压 $u_{AB}$，可以采用 BBR 电路作

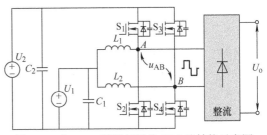

图 6-3　由 IBBC 桥臂拓展为 TPC 的结构示意图

为有源整流单元，经整流得到稳定可控的直流电压作为第三个功率端口。图 6-4 给出几种典型的 BBR 电路拓扑，如双 Boost 型、图腾柱型、带双向开关全桥型和带双向开关倍压型等。

将上述不同结构形式的 BBR 单元和 IBBC 结合，则可以得到一系列基于 IBBC 和 BBR 的三端口变换器，但此时第三端口的负端是浮地的。为了获得具有实际应用价值的三端口变换器，同时实现第三端口的电气隔离和电压灵活调整，可以在 IBBC 和 BBR 单元之间加入高频功率变压器，由此得到图 6-5 所示的基于 IBBC 和 BBR 的部分隔离型三端口变换器电路结构图。由于 IBBC 两个开关桥臂构成了全桥结构，图 6-5 所示三端口变换器也属于全桥型三端口变换器（Full-Bridge Three-Port Converter，FB-TPC）。

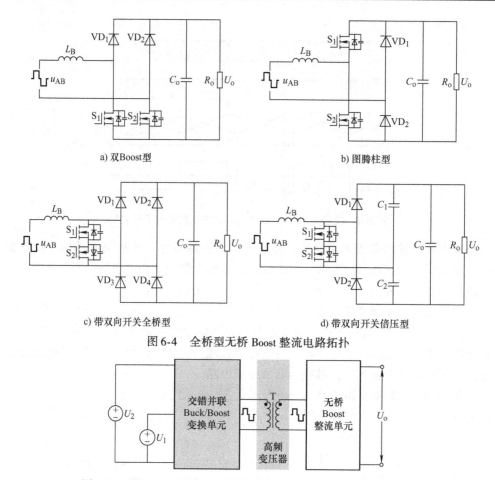

a) 双Boost型　　　　　　　　　　b) 图腾柱型

c) 带双向开关全桥型　　　　d) 带双向开关倍压型

图 6-4　全桥型无桥 Boost 整流电路拓扑

图 6-5　基于 IBBC 和 BBR 的部分隔离型 FB-TPC 电路结构示意图

通过调整图 6-5 中 BBR 电路的结构，可以得到一系列适应不同场合的 FB-TPC 电路拓扑。以图 6-4 所示 BBR 电路为例，图 6-6 给出了几种基于 IBBC 和 BBR 的 FB-TPC 电路拓扑示例。

将上述方法应用于其他结构形式的 BBR 电路拓扑，还可以相应得到其他的基于 IBBC 和 BBR 的 FB-TPC，具体拓扑不再一一列出。

由 IBBC 和 BBR 集成得到的新型 FB-TPC，具有以下优点：

1）一次侧两个端口均为双向端口，可以分别连接输入源、储能装置或电压母线等，二次侧为隔离输出端口；

2）端口之间均为单级功率变换，系统整体变换效率高；

3）一、二次侧开关器件均能实现软开关，进一步提高变换器效率；

4）一次侧两路双向 Buck/Boost 电路采用交错 180°工作方式，可以大大减小输入电流纹波，有利于提高对电流纹波较敏感的输入源（如 PV 阵列、蓄电池等）的输出特性；

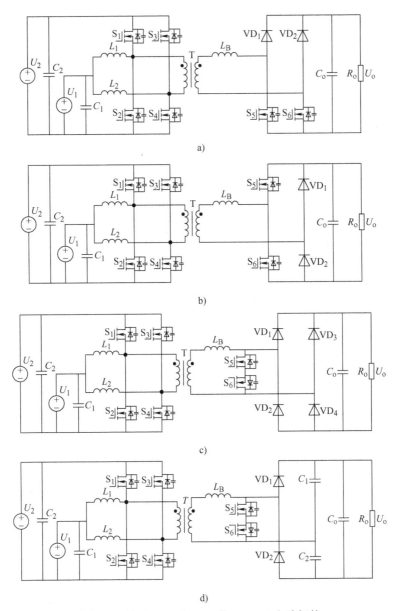

图 6-6 基于 IBBC 和 BBR 的 FB-TPC 电路拓扑

5）一次侧两端口采用占空比控制、二次侧输出采用移相控制，可以减小控制环路之间的耦合，方便各控制环路参数的独立设计。

## 6.2 工作原理与特性

以图 6-6a 所示基于双 Boost 型结构 BBR 的 FB-TPC 为例，对该类 FB-TPC 拓扑工作原理及特性进行深入分析。为方便分析，将图 6-6a 中基于双 Boost 型结构 BBR

的 FB-TPC 电路图重画，如图 6-7 所示，其三个端口分别连接 PV 输入源（$U_{in}$）、蓄电池（$U_b$）和负载（$U_o$）。其中，$S_1 \sim S_4$ 为一次侧主开关管，$S_5$ 和 $S_6$ 为二次侧主开关管，$VD_1$ 和 $VD_2$ 为二次侧整流二极管，$L_1$ 和 $L_2$ 为 PV 输入端 Boost 滤波电感，T 为高频功率变压器，$N_P$ 和 $N_S$ 为变压器 T 的一、二次绕组，$n$ 为变压器匝数比（$n = N_p/N_s$），$L_f$ 为高频滤波电感，即将图 6-6a 中的滤波电感 $L_B$ 等效至一次侧并包含有变压器的漏感，$C_{in}$、$C_b$ 和 $C_o$ 分别为 PV 输入端、蓄电池端和输出端滤波电容，$R_o$ 为输出负载。

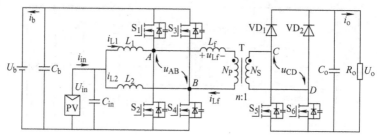

图 6-7　二次侧移相控制全桥三端口直流变换器拓扑

图 6-7 所示 FB-TPC 的三个端口中两两之间均等效为传统的两端口变换器，任意两个端口之间均可以实现单级功率变换。其中，PV 输入源到负载之间等效电路 Boost 不对称双有源桥（Asymmetric Dual Active Bridge，ADAB）变换器，电路图如图 6-8a 所示；PV 输入源到蓄电池之间的等效电路为两路交错并联 Buck/Boost 变换器，电路图如图 6-8b 所示；蓄电池到负载之间的等效电路为 ADAB 变换器，电路图如图 6-8c 所示。

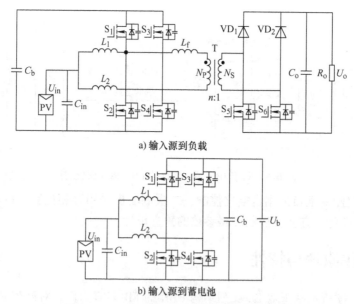

a) 输入源到负载

b) 输入源到蓄电池

图 6-8　FB-TPC 端口之间等效功率传输电路

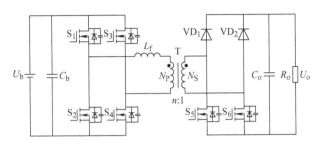

c) 蓄电池到负载

图 6-8　FB-TPC 端口之间等效功率传输电路（续）

## 6.2.1　工作原理

### 1. 工作模式分析

忽略变换器损耗，TPC 中各端口的功率满足能量守恒定律

$$P_{in} = P_b + P_o \tag{6-1}$$

式中，$P_{in}$、$P_b$ 和 $P_o$ 分别表示 TPC 输入端、蓄电池端和输出端功率，且定义蓄电池充电时 $P_b > 0$，蓄电池放电时 $P_b < 0$。根据 $P_{in}$ 与 $P_o$ 的大小关系，FB-TPC 存在以下三种工作模式：

1）双输出（DO）模式：$P_{in} > P_o$，$U_{in}$ 同时向 $U_o$ 和 $U_b$ 供电，FB-TPC 等效为混合的 Boost 全桥和交错并联 Buck/Boost 变换器；

2）双输入（DI）模式：$P_{in} < P_o$，$U_{in}$ 和 $U_b$ 同时向 $U_o$ 供电，FB-TPC 等效为混合的 Boost 全桥和 ADAB 变换器；

3）单入单出（SISO）模式：$P_{in} = 0$，$U_b$ 单独向 $U_o$ 供电，FB-TPC 等效为 ADAB 变换器。

### 2. 工作模态分析

FB-TPC 的一次侧电路为交错并联 Buck/Boost 变换器，其主要工作波形如图 6-9 所示，其中，$u_{GS1} \sim u_{GS4}$ 为一次侧开关管 $S_1 \sim S_4$ 的驱动电压，$i_{L1}$ 和 $i_{L2}$ 为输入端滤波电感 $L_1$ 和 $L_2$ 的电流，$i_{in}$ 为输入端电流，$T_s$ 为开关周期，同一桥臂的两个开关管互补导通，两个桥臂上管 $S_1$ 和 $S_3$ 占空比均为 $D$ 且两者相位相差 180°。由图 6-9 可知，在交错控制方式下，输入端电流纹波显著减小，可以有效保证对电流纹波敏感的输入源的输出特性。由于交错并联 Buck/Boost 变换器的工作原理较为简单，在此不再详述，下面重点分析变换器一、二次侧之间电路的工作原理。

为了简化分析，定义变换器等效输出电压增益 $G$ 为

$$G = \frac{nU_o}{U_b} \tag{6-2}$$

式中，$U_b$、$U_o$ 分别为蓄电池端和输出端电压，$n$ 为变压器匝数比。根据 $U_b$ 和 $U_o$ 的

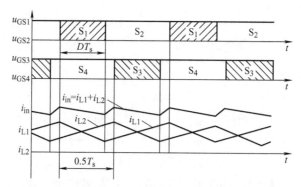

图 6-9    一次侧交错并联 Buck/Boost 变换器主要工作波形图

关系，变换器可以工作在降压（$G < 1$）、平衡（$G = 1$）和升压（$G > 1$）等三种状态。

根据高频电感 $L_f$ 的电流状态不同，图 6-7 所示 FB-TPC 可以工作在电流连续模式（Continuous Current Mode，CCM）和电流断续模式（Discontinuous Current Mode，DCM）等两种模式。随着负载电流的变化，CCM 和 DCM 又各有两种情形，即一共具有 CCM1、CCM2、DCM1 和 DCM2 四种工作模式。上述四种工作模式下的工作原理相似，不同之处仅在于电感 $L_f$ 电流过零点时刻不同，下面着重以 CCM1 模式为例，详细分析该变换器的工作原理。

（1）CCM1 模式：变换器 CCM1 模式下主要工作波形如图 6-10 所示，其中，$u_{GS1} \sim u_{GS6}$ 为开关管 $S_1 \sim S_6$ 的驱动电压，$u_{AB}$ 和 $u_{CD}$ 分别为一、二次侧桥臂中点电压，$u_{Lf}$ 和 $i_{Lf}$ 分别为电感 $L_f$ 的电压和电流。开关管 $S_1$ 和 $S_6$ 开通时刻之间的移相角为 $\varphi$，电流 $i_{Lf}$ 过零时对应相角为 $\alpha$，且当 $\alpha < \varphi$ 时为 CCM1 模式。在半个开关周期内，变换器共有 10 个主要的开关模式，各模态等效电路如图 6-11 所示。

开关模态 1$[t_0, t_1]$（见图 6-11a）：$t_0$ 时刻之前，一次侧开关管 $S_4$ 导通，电感 $L_f$ 电流初始值 $i_{Lf}(t_0)$ 为负，且流经开关管 $S_1$ 的体二极管和开关管 $S_4$，二次侧开关管 $S_5$ 和二极管 $VD_2$ 处于导通状态。在 $t_0$ 时刻，开关管 $S_1$ 零电压开通，$U_b$ 通过电感 $L_f$ 向负载供电，电感电流 $i_{Lf}$ 线性减小

$$i_{Lf}(t) = \frac{nU_o(G+1)}{GL_f}(t - t_0) + i_{Lf}(t_0) \qquad (t_0 \leqslant t < t_1) \tag{6-3}$$

在 $t_1$ 时刻，电感电流下降为 0，可以得到 $t_1$ 与电感电流初值 $i_{Lf}(t_0)$ 的关系

$$\Delta T_{10} = t_1 - t_0 = \frac{-GL_f}{nU_o(G+1)}i_{Lf}(t_0) \tag{6-4}$$

在 CCM1 模式下，电感电流 $i_{Lf}$ 过零时所对应相角 $\alpha$ 记为 $\alpha_{CCM1}$，表示为

$$\alpha_{CCM1} = 2\pi f_s(t_1 - t_0) \tag{6-5}$$

开关模态 2$[t_1, t_2]$（见图 6-11b）：在 $t_1$ 时刻，电感电流 $i_{Lf}$ 由负变正，由于 $i_{Lf}$ 反向，变压器二次侧电流通过开关管 $S_6$ 的体二极管和开关管 $S_5$ 续流，变压器二次

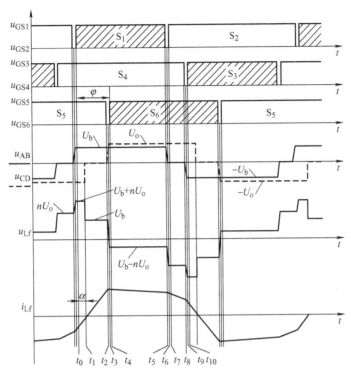

图 6-10　FB-TPC 在 CCM1 模式下主要工作波形

电压被箝位在 0V，电感 $L_f$ 两端电压为 $U_b$，电感电流 $i_{Lf}$ 线性增加

$$i_{Lf}(t) = \frac{nU_o}{GL_f}(t - t_1) \qquad (t_1 \leqslant t < t_2) \tag{6-6}$$

开关模式 $3[t_2, t_3]$（见图 6-11c）：在 $t_2$ 时刻，开关管 $S_5$ 关断，变压器二次电流对开关管 $S_5$ 的寄生电容充电，至 $t_3$ 时刻 $S_5$ 的寄生电容电压为 $U_o$ 时该开关模式结束。

开关模式 $4[t_3, t_4]$（见图 6-11d）：在 $t_3$ 时刻，开关管 $S_5$ 的寄生电容充电至 $U_o$，二极管 $VD_1$ 正向导通，变压器二次电流通过开关管 $S_6$ 的体二极管和二极管 $VD_1$ 续流，电感电流 $i_{Lf}$ 线性减小

$$i_{Lf}(t) = \frac{nU_o(1 - G)}{GL_f}(t - t_3) + t_{Lf}(t_3) \tag{6-7}$$

开关模式 $5[t_4, t_5]$（见图 6-11e）：在 $t_4$ 时刻，开关管 $S_6$ 零电压开通，变压器二次电流经过开关管 $S_6$ 和二极管 $VD_1$，电感电流 $i_{Lf}$ 继续线性减小且仍由式（6-7）决定。

在 CCM1 模式下，一、二次侧移相角 $\varphi$ 记为 $\varphi_{CCM1}$，表示为

$$\varphi_{CCM1} = 2\pi f_s(t_4 - t_0) \tag{6-8}$$

开关模式 $6[t_5, t_6]$（见图 6-11f）：在 $t_5$ 时刻，开关管 $S_1$ 关断，开关管 $S_1$ 的寄生电容充电、$S_2$ 的寄生电容放电，至 $t_6$ 时刻 $S_2$ 的寄生电容电压为零时该开关模式结束。

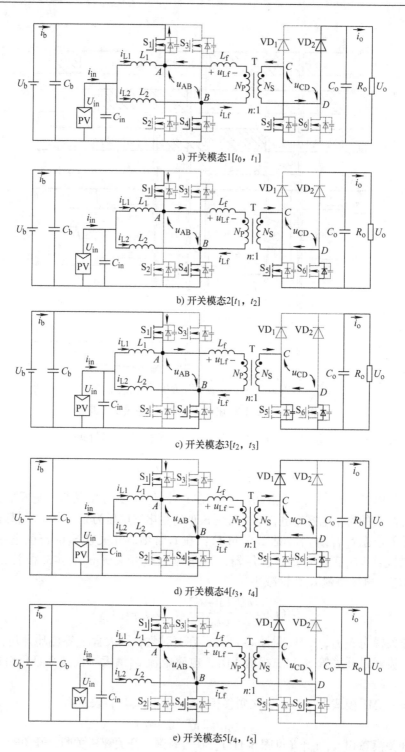

a) 开关模态1[$t_0$，$t_1$]

b) 开关模态2[$t_1$，$t_2$]

c) 开关模态3[$t_2$，$t_3$]

d) 开关模态4[$t_3$，$t_4$]

e) 开关模态5[$t_4$，$t_5$]

图 6-11    FB-TPC 在 CCM1 模

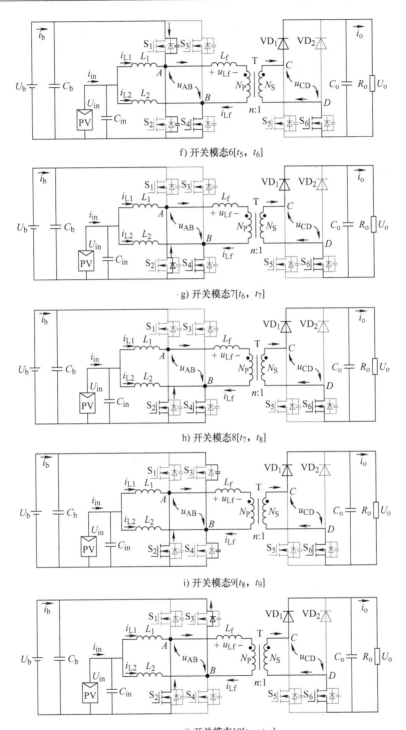

f) 开关模态6[$t_5$, $t_6$]

g) 开关模态7[$t_6$, $t_7$]

h) 开关模态8[$t_7$, $t_8$]

i) 开关模态9[$t_8$, $t_9$]

j) 开关模态10[$t_9$, $t_{10}$]

式下各开关模态的等效电路

开关模态 7$[t_6, t_7]$（见图 6-11g）：在 $t_6$ 时刻，开关管 $S_2$ 的寄生电容电压放电为零，之后其体二极管正向导通，电感电流 $i_{Lf}$ 流经开关管 $S_2$ 的体二极管和开关管 $S_4$。此时，电感 $L_f$ 两端电压为 $-nU_o$，电感电流 $i_{Lf}$ 线性减小

$$i_{Lf}(t) = \frac{-nU_o}{L_f}(t - t_6) + i_{Lf}(t_6) \tag{6-9}$$

开关模态 8$[t_7, t_8]$（见图 6-11h）：在 $t_7$ 时刻，开关管 $S_2$ 零电压开通，电感电流 $i_{Lf}$ 流经开关管 $S_2$ 和 $S_4$ 并继续线性减小，其电流表达式仍为式(6-9)。

开关模态 9$[t_8, t_9]$（见图 6-11i）：在 $t_8$ 时刻，开关管 $S_4$ 关断，开关管 $S_4$ 的寄生电容充电、$S_3$ 的寄生电容放电，至 $t_9$ 时刻 $S_4$ 的寄生电容电压为 $U_b$ 时该开关模态结束。

开关模态 10$[t_9, t_{10}]$（见图 6-11j）：在 $t_9$ 时刻，开关管 $S_4$ 的寄生电容电压充电至 $U_b$，开关管 $S_3$ 的体二极管正向导通，电感电流 $i_{Lf}$ 线性减小，流经开关管 $S_3$ 的体二极管和开关管 $S_2$。

$$i_{Lf}(t) = \frac{-nU_o(G+1)}{GL_f}(t - t_9) + i_{Lf}(t_9) \tag{6-10}$$

直到 $t_{10}$ 时刻，$S_3$ 零电压开通，根据电感电流在一个周期内的平均值为 0，可以得到

$$i_{Lf}(t_0) + i_{Lf}(t_{10}) = 0 \tag{6-11}$$

则可以得到电感电流 $i_{Lf}$ 的初始值

$$i_{Lf}(t_0) = -\frac{nU_o[2D + (2\varphi - 1)G](1 + G)}{2f_s L_f} \frac{}{G(2 + G)} \tag{6-12}$$

$t_{10}$ 时刻后开关管 $S_3$ 导通，下半个开关周期开始，具体工作模态与上述类似，区别在于电路中对称开关器件 $S_1$ 和 $S_3$、$S_2$ 和 $S_4$、$S_5$ 和 $S_6$、$VD_1$ 和 $VD_2$ 的工作情形互换，在此不再重复叙述。

(2) CCM2 模式：如果在电感电流 $i_{Lf}$ 还未降为零之前，二次侧开关管 $S_6$ 开通，即一、二次侧开关管之间的移相角满足 $\varphi < \alpha$，此时变换器工作于 CCM2 模式。变换器在 CCM2 模式下的主要工作波形如图 6-12 所示。与 CCM1 模式类似，在半个开关周期内，变换器在 CCM2 模式下也存在 10 种工作模态，主要区别在于电感电流 $i_{Lf}$ 与移相角之间的关系，从而会影响二次侧开关器件的工作状态。

开关模态 1$[t_0, t_1]$（同图 6-11a）：与 CCM1 开关模态 1 相同，区别是 $t_1$ 时刻 $i_{Lf}$ 未减小到零。

开关模态 2$[t_1, t_2]$（图 6-13a）：在 $t_1$ 时刻，二次侧开关管 $S_5$ 关断，此时电感电流 $i_{Lf}$ 仍为负，则变压器二次电流通过开关管 $S_5$ 的体二极管和二极管 $VD_2$ 续流。该模态至 $t_2$ 时刻开关管 $S_6$ 开通时结束，CCM2 模式下一、二次侧移相角 $\varphi$ 记为 $\varphi_{CCM2}$，表示为

$$\varphi_{CCM2} = 2\pi f_s(t_2 - t_0) \tag{6-13}$$

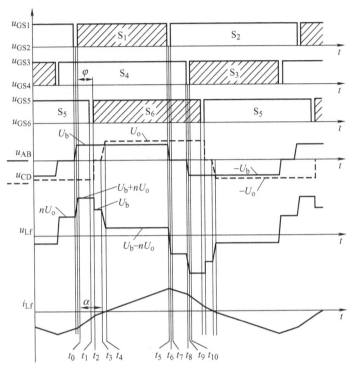

图 6-12　FB-TPC 在 CCM2 模式下主要工作波形

开关模态 3$[t_2, t_3]$（图 6-13b）：在 $t_2$ 时刻，二次侧开关管 $S_6$ 导通，由于此时电感电流 $i_{Lf}$ 仍为负，则变压器二次电流流经开关管 $S_5$ 的体二极管和开关管 $S_6$。同时，$S_6$ 开通时其漏源极电压为输出电压 $U_o$，即 $S_6$ 无法实现零电压开通。

该模态至 $t_3$ 时刻电感电流 $i_{Lf}$ 减小到零时结束，所对应相角 $\alpha$ 记为 $\alpha_{CCM2}$，表示为

$$\alpha_{CCM2} = 2\pi f_s (t_3 - t_0) \tag{6-14}$$

开关模态 4$[t_3, t_4]$（图 6-13c）：在 $t_3$ 时刻，电感电流 $i_{Lf}$ 变为正向，变压器二次电流向开关管 $S_5$ 的寄生电容充电，至 $t_4$ 时刻 $S_5$ 的寄生电容电压充至 $U_o$ 时结束。

在 $t_4$ 时刻，二极管 $VD_1$ 正向导通，此后开关模态 5 ~ 10 的等效电路与 CCM1 模式中图 6-11e ~ j 相同，在此不再重复给出。

根据以上分析，CCM2 模式下的开关模态与 CCM1 类似，主要区别在于二次侧开关管无法实现软开关。另外，CCM2 模式下在 $[t_4, t_5]$ 区间内电感电流 $i_{Lf}$ 必须正向线性上升，要求等效电压增益 $G < 1$，即表明 CCM2 模式仅出现在 $G < 1$ 的情况，而 CCM1 模式对 $G$ 的范围没有要求。

（3）DCM 模式：当变换器负载较轻时，电感电流 $i_{Lf}$ 会出现断续的情况，此时变换器进入 DCM 模式，定义电感电流正向减小到零时对应相角为 $\beta$，则有 $\beta < \pi/2$。若 $\beta > D$，则变换器工作在 DCM1 模式，主要工作波形如图 6-14a 所示；若 $\beta < D$，

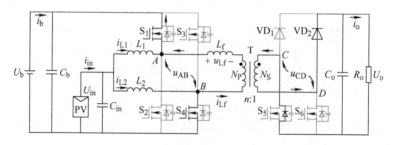

a) 开关模态2[$t_1$, $t_2$]

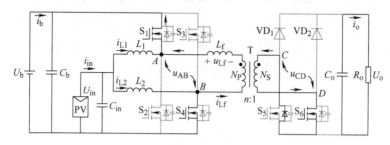

b) 开关模态3[$t_2$, $t_3$]

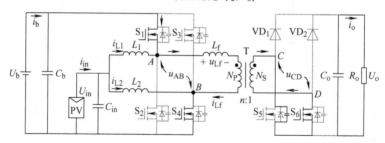

c) 开关模态4[$t_3$, $t_4$]

图 6-13　FB-TPC 在 CCM2 模式下 [$t_1$, $t_4$] 区间内开关模态的等效电路

变换器工作在 DCM2 模式，主要工作波形如图 6-14b 所示。在 DCM 模式下，变换器的具体工作模态与上述两种 CCM 模式类似，在此不再详述。

在 CCM1 和 CCM2 两种工作模式的边界处，有 $\varphi = \alpha$，由式(6-4)、式(6-5) 和式(6-12) 可以得到 CCM1 与 CCM2 两种模式的边界条件记为 $\varphi_{\text{b\_CCM1\&CCM2}}$，表示为

$$\varphi_{\text{b\_CCM1\&CCM2}} = \frac{2D - G}{4} \tag{6-15}$$

同理，得到 CCM1 与 DCM1、DCM1 与 DCM2 的边界条件 $\varphi_{\text{b\_CCM1\&DCM1}}$、$\varphi_{\text{b\_DCM1\&DCM2}}$

$$\begin{cases} \varphi_{\text{b\_CCM1\&DCM1}} = \dfrac{G - 2D}{2G} \\ \varphi_{\text{b\_DCM1\&DCM2}} = \dfrac{D(G - 1)}{G} \end{cases} \tag{6-16}$$

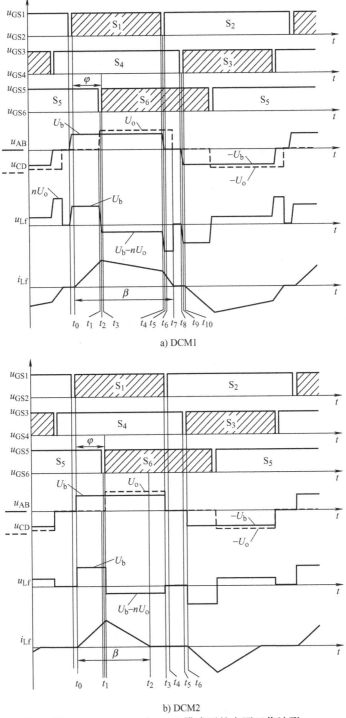

a) DCM1

b) DCM2

图6-14 FB-TPC 在 DCM 模式下的主要工作波形

### 6.2.2 特性分析

1. 输出特性

以 CCM1 模式为例进行分析，忽略变换器的损耗，其输出功率 $P_o$ 可表示为

$$P_o = U_b I_{av} = \frac{n U_o I_{av}}{G} \tag{6-17}$$

其中，$I_{av}$ 为对应 $u_{AB} = U_b$ 时间内电感电流 $i_{Lf}$ 的平均值，根据图 6-10 所示 CCM1 模式下的主要工作波形，可以计算得到

$$I_{av} = \frac{n U_o}{4 f_s L_f} \frac{[(8D - 12D^2)(G+1) - (4D^2+1)G^2]\pi^2 + [8D(G+1) + 2(2D+1)G^2]\varphi\pi - 2(G^2+2G+2)\varphi^2}{(2+G)^2 \pi^2} \tag{6-18}$$

将式(6-18) 带入式(6-17) 中，可以得到输出功率 $P_o$ 为

$$P_o = \frac{(n U_o)^2}{4 f_s L_f} \frac{[(8D-12D^2)(G+1) - (4D^2+1)G^2]\pi^2 + [8D(G+1) + 2(2D+1)G^2]\varphi\pi - 2(G^2+2G+2)\varphi^2}{G(2+G)^2 \pi^2} \tag{6-19}$$

采用等效移相角 $\Phi$ 和基准输出功率 $P_B$ 对式(6-19) 所示的输出功率进行标幺化

$$\begin{cases} \Phi = \dfrac{\varphi}{\pi} \\ P_B = \dfrac{(n U_o)^2}{2\pi f_s L_f} \end{cases} \tag{6-20}$$

得到 CCM1 模式下标幺输出功率 $P_{o\_pu\_CCM1}$ 表示为

$$P_{o\_pu\_CCM1} = \pi \frac{(8D-12D^2)(G+1) - (4D^2+1)G^2 + [8D(G+1)+2(2D+1)G^2]\Phi - 2(G^2+2G+2)\Phi^2}{2G(2+G)^2} \tag{6-21}$$

根据上述分析及推导过程，同理可以得到 FB-TPC 在 CCM2、DCM1 和 DCM2 等其余三种工作模式下的标幺输出功率 $P_{o\_pu\_CCM2}$、$P_{o\_pu\_DCM1}$ 和 $P_{o\_pu\_DCM2}$，分别表示为

$$P_{o\_pu\_CCM2} = \pi \frac{(8D-12D^2) + (8D+12D^2)G - (2D-1)^2 G^2 + [8D(1-G)+2(2D-1)G^2]\Phi - 2(G^2-2G+2)\Phi^2}{2G(2-G)^2} \tag{6-22}$$

$$P_{o\_pu\_DCM1} = \pi \frac{4D^2(1-G) + 4DG\Phi - G\Phi^2}{2G^2} \tag{6-23}$$

$$P_{o\_pu\_DCM2} = \pi \frac{\Phi^2}{2G(G-1)} \tag{6-24}$$

根据上述 FB-TPC 在四种工作模式下标幺输出功率的表达式(6-21) ~ 式(6-24)，

以及各模式之间边界条件表达式(6-15)~式(6-16)，绘制出在占空比 $D = 0.45$ 时的标幺输出功率 $P_{o\_pu}$ 随等效移相角 $\varPhi$ 变化的输出特性曲线，如图6-15所示。

由图6-15并结合上节具体的工作模态分析可知，变换器具有较宽的输入输出电压增益范围，在CCM1和DCM1模式下可以工作在降压、平衡或升压中任一状态，在CCM2模式下

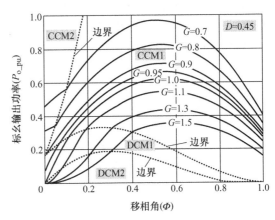

图6-15　FB-TPC输出特性曲线

只能工作在降压状态（$G < 1$），在DCM2模式下只能工作在升压状态（$G > 1$）。变换器输入输出等效电压增益与工作模式对应关系见表6-1。

表6-1　FB-TPC输入输出等效电压增益与工作模式关系

|  | CCM1 | CCM2 | DCM1 | DCM2 |
|---|---|---|---|---|
| $G < 1$（降压） | ☑ | ☑ | ☑ | N/A |
| $G = 1$（平衡） | ☑ | N/A | ☑ | N/A |
| $G > 1$（升压） | ☑ | N/A | ☑ | ☑ |

同时由图6-15可知，变换器在CCM模式下的输出功率大于DCM模式，且当负载功率变化时，变换器的工作模式可以在DCM2与DCM1、DCM1和CCM1、CCM2与CCM1之间切换。然而，由于CCM2模式和DCM模式的工作区域被CCM1模式隔开，变换器的工作模式不能在CCM2和DCM之间直接切换。

2. 软开关特性

由模态分析可知，在CCM1和DCM模式下，二次侧开关管 $S_5$ 和 $S_6$ 的体二极管均在其驱动信号上升沿之前导通，因此均能实现零电压开通；二次侧整流二极管 $VD_1$ 和 $VD_2$ 均能实现零电流关断，不存在反向恢复问题。而在CCM2模式下，$S_5$ 和 $S_6$ 在高频电感 $L_f$ 的电流下降至零之前开通，漏源极电压等于输出电压，为硬开通；$VD_1$ 和 $VD_2$ 关断时二次侧电流未减小至零，为硬关断。

对于一次侧四个开关管 $S_1 \sim S_4$，由于同时受到Boost电感电流和高频电感电流的影响，不同位置开关管的零电压开通条件不同。同时，由电路对称性可知，两个桥臂上管 $S_1$ 和 $S_3$ 的软开关情况相同、两个桥臂下管 $S_2$ 和 $S_4$ 的软开关情况相同。

以CCM1模式为例分析，在开关管 $S_1$ 关断后，$S_1$ 的寄生电容充电、$S_2$ 的寄生电容放电，当 $S_2$ 的寄生电容电压由 $U_b$ 降为零后，其体二极管正向导通，若此时给定驱动信号，则可以实现零电压开通。考虑到Boost滤波电感（$L_1$、$L_2$）和高频电感

$L_f$ 的感值相对于开关管的寄生电容的容值很大，可以认为在 $S_1$ 和 $S_2$ 寄生电容充放电时滤波电感和高频电感的电流保持不变。假设一次侧开关管寄生电容均为 $C_{oss}$，则在死区时间内开关管寄生电容充放电等效电路如图 6-16 所示。

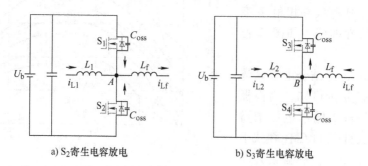

a) $S_2$ 寄生电容放电        b) $S_3$ 寄生电容放电

图 6-16    一次侧开关管寄生电容充放电过程等效电路

由图 6-16a 可知，$S_2$ 实现零电压开通时，$S_1$ 和 $S_2$ 之间的死区时间 $T_{D12}$ 应满足

$$T_{D12} > \frac{2U_b C_{oss}}{i_{Lf}(t_5) - i_{L1}(t_5)} \tag{6-25}$$

同理，由图 6-16b 可以得到，$S_3$ 实现零电压开通时，$S_4$ 和 $S_3$ 之间的死区时间 $T_{D43}$ 应满足

$$T_{D43} > \frac{2U_b C_{oss}}{i_{Lf}(t_8) + i_{L2}(t_8)} \tag{6-26}$$

由式 (6-25) 和式 (6-26) 可知，一次侧开关管零电压开关 (Zero Voltage Switching, ZVS) 的实现不仅与死区时间、寄生电容等参数有关，还与电压和电流等工作状态有关。假设一次侧四个开关管相互之间死区时间均为 $T_D$，则 $S_2$ 和 $S_3$ 实现零电压开通的条件为

$$\begin{cases} S_2: i_{Lf}(t_5) - i_{L1}(t_5) > \dfrac{2U_b C_{oss}}{T_D} \\[3mm] S_3: i_{Lf}(t_8) + i_{L2}(t_8) > \dfrac{2U_b C_{oss}}{T_D} \end{cases} \tag{6-27}$$

由图 6-9 所示交错并联 Buck/Boost 变换器主要工作波形，并假设两个 Boost 电感感值相等（$L_1 = L_2 = L$），可以得到

$$\begin{cases} i_{L1}(t_5) = \dfrac{P_o + P_b}{2U_{in}} - \dfrac{U_{in}}{2L}(1-D)T_s \\[3mm] i_{L2}(t_8) = \dfrac{P_o + P_b}{2U_{in}} + \dfrac{U_{in}}{2L}(1-D)T_s \end{cases} \tag{6-28}$$

结合式 (6-27) 和式 (6-28)，可以得到 CCM1 模式下 $S_2$ 和 $S_3$ 实现零电压开通的条件为

$$\begin{cases} S_2: i_{Lf}(t_5) > \dfrac{2U_b C_{oss}}{T_D} + \dfrac{P_o + P_b}{2U_{in}} - \dfrac{U_{in}}{2L}(1-D)T_s \\ S_3: i_{Lf}(t_8) > \dfrac{2U_b C_{oss}}{T_D} - \dfrac{P_o + P_b}{2U_{in}} - \dfrac{U_{in}}{2L}(1-D)T_s \end{cases} \tag{6-29}$$

同理，由图 6-12 可以得到 CCM2 模式下 $S_2$ 和 $S_3$ 实现零电压开通的条件为

$$\begin{cases} S_2: i_{Lf}(t_5) > \dfrac{2U_b C_{oss}}{T_D} + \dfrac{P_o + P_b}{2U_{in}} - \dfrac{U_{in}}{2L}(1-D)T_s \\ S_3: i_{Lf}(t_8) > \dfrac{2U_b C_{oss}}{T_D} - \dfrac{P_o + P_b}{2U_{in}} - \dfrac{U_{in}}{2L}(1-D)T_s \end{cases} \tag{6-30}$$

在 DCM 模式下，高频电感电流 $i_{Lf}$ 断续，$S_2$ 的 ZVS 条件由 Boost 电感电流和 $i_{Lf}$ 共同决定，$S_3$ 的 ZVS 条件主要由 Boost 电感电流决定，结合图 6-14a 可以得到 DCM1 模式下 $S_2$ 和 $S_3$ 实现零电压开通的条件为

$$\begin{cases} S_2: i_{Lf}(t_4) > \dfrac{2U_b C_{oss}}{T_D} + \dfrac{P_o + P_b}{2U_{in}} - \dfrac{U_{in}}{2L}(1-D)T_s \\ S_3: \dfrac{P_o + P_b}{2U_{in}} + \dfrac{U_{in}}{2L}(1-D)T_s > \dfrac{2U_b C_{oss}}{T_D} \end{cases} \tag{6-31}$$

由图 6-14b 可以得到 DCM2 模式下 $S_2$ 和 $S_3$ 实现零电压开通的条件为

$$\begin{cases} S_2: -\dfrac{P_o + P_b}{2U_{in}} + \dfrac{U_{in}}{2L}(1-D)T_s > \dfrac{2U_b C_{oss}}{T_D} \\ S_3: \dfrac{P_o + P_b}{2U_{in}} + \dfrac{U_{in}}{2L}(1-D)T_s > \dfrac{2U_b C_{oss}}{T_D} \end{cases} \tag{6-32}$$

根据式（6-29）~式（6-32）关系，在 $U_{in}=36V$、$U_b=72V$、$U_o=100V$、$L_f=5\mu H$、$L_1=L_2=20\mu H$、$n=0.75$、$f_s=100kHz$、$C_{oss}=638pF$、$T_D=200ns$ 条件下，借助 Mathcad 软件绘制出一次侧开关管的软开关范围曲线，如图 6-17 所示。其中，虚线为蓄电池放电功率的边界线（$P_o=-P_b$），在蓄电池放电情况下，变换器的输出功率应不小于蓄电池的放电功率，即变换器的正常工作时的功率范围不会出现在图中虚线左下方的区域。

由图 6-17a 可以看出，理论计算得到的桥臂上管 $S_1$ 和 $S_3$ 的 ZVS 边界线位于蓄电池放电边界线的左下方区域，即桥臂上管 $S_1$ 和 $S_3$ 在任意工况下均可以实现 ZVS。在图 6-17b 中，当蓄电池处于放电状态时，$S_2$ 和 $S_4$ 均可以实现 ZVS；当蓄电池处于充电状态时，其 ZVS 区域存在一定的边界，由蓄电池的充电功率和输出功率共同决定。考虑到在实际应用时，对蓄电池会采用相应的充电控制，如恒流充电、恒压充电等，蓄电池的充电功率会有一定的限制。因此，通过合理限定蓄电池充电功率，可以使得一次侧桥臂下管 $S_2$ 和 $S_4$ 在很宽的负载范围内实现 ZVS。

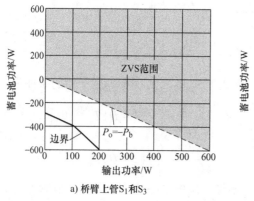
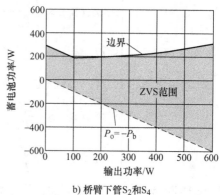

a) 桥臂上管$S_1$和$S_3$          b) 桥臂下管$S_2$和$S_4$

图 6-17 一次侧开关管 ZVS 范围

### 6.2.3 参数设计

**1. 变压器匝数比**

由式(2-2)可以得到

$$n = \frac{GU_b}{U_o} \tag{6-33}$$

在实际工作中,随着蓄电池充放电过程进行,其电压会在一定范围内波动,因此在选取变压器的匝数比时应能保证输出端电压/功率在整个蓄电池电压范围内均受控。由图 6-15 可知,在移相角 $\varphi = 0$ 时,等效电压增益 $G \geqslant 1$ 的输出特性曲线可以经过零点,即能够保证变换器在整个负载范围内受控。另一方面,由前两节模态分析及软开关特性分析可知,当变换器工作于 CCM2 模式时,二次侧开关器件无法实现软开关,这将导致较大的开关损耗从而降低变换器的效率。因此,选择在单位电压增益点 ($G = 1$) 设计变压器匝数比,并应尽量减小 CCM2 工作的区域。

**2. 高频电感 $L_f$ 设计**

高频电感 $L_f$ 作为能量传输电感,其感值决定了变换器一、二次侧之间所传递功率的大小。为了保证变换器在整个蓄电池电压范围内均能实现全负载范围工作,必须使得等效电压增益 $G$ 最大的输出特性曲线的极值功率点大于变换器的额定功率。以 $D = 0.45$、蓄电池电压 $U_b$ 范围 64 ~ 80V 为例,分别给出 $U_b$ 为 64V、75V 和 80V 时的输出特性曲线,如图 6-18 所示。

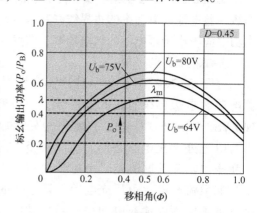

图 6-18 变换器输出功率与输出特性曲线关系

将变换器的输出功率看做一条垂直移动的水平线，随着输出功率的增加该水平线不断往上移动，则要求不同蓄电池电压下的输出功率特性曲线均要与其相交。令变换器额定输出功率为 $P_{o\_rated}$，对应的标幺输出功率值为 $\lambda$，最低蓄电池电压 $U_b = 64\text{V}$ 对应的输入特性曲线的极大值为 $\lambda_m$，则须有 $\lambda < \lambda_m$。由式（2-20）可知，$L_f$ 的感值越大，变换器的最大输出功率越小。为了保证变换器输出功率，高频电感 $L_f$ 需满足

$$L_f < \frac{(nU_o)^2 \lambda_m}{2\pi f_s P_{o\_rated}} \tag{6-34}$$

另一方面，电感 $L_f$ 的大小会影响其电流的有效值，而在变换器开关器件可以实现软开关的情况下，导通损耗直接决定了整个变换器的效率。因此，在设计高频电感 $L_f$ 时，应综合考虑变换器的输出能力和变换效率来选择合适的感值。

3. Boost 滤波电感

Boost 滤波电感（$L_1$ 和 $L_2$）的设计方法与传统两端口 Buck/Boost 变换器类似，根据所能允许的电感电流纹波大小选择合适的感值，在此不再详述。需要注意的是，在其他条件相同的情况下，$L_1$ 和 $L_2$ 的感值越大，其电感电流纹波越小；而根据上述式（6-29）~式（6-32）所示的一次侧开关管零电压开通的条件，$L_1$ 和 $L_2$ 的电流纹波越大，越有利于实现一次侧开关管的零电压开通。因此，在设计 Boost 滤波电感时，应综合考虑电感电流纹波和原边开关管的 ZVS 范围。

## 6.3 功率控制

对于图 6-7 所示的由光伏输入源、蓄电池和负载组成的三端功率变换系统，蓄电池作为能量缓冲单元，通过充放电来维持系统的功率平衡。考虑到航天器供电系统等独立新能源系统应用场合，其各个端口功率控制具有如下需求：

1）输出端稳压控制，当光伏输入功率变化时，应时刻保持负载端电压恒定；

2）输入端 MPPT 控制，以保证充分利用输入能源，尽可能降低 PV 阵列容量配置；

3）蓄电池端充电控制，包括恒压充电和恒流充电等控制方式。

对于该三端功率变换系统，需要采用两个独立的控制变量来实现三个端口之间的功率控制。输出端电压要求一直处于受控状态，可以通过调整一、二次侧对应开关管之间的移相角 $\varphi$ 实现输出端的电压或功率控制。对于光伏输入端和蓄电池端，在任意时刻最多只有一个端口处于受控状态，可以通过调节一次侧开关桥臂的占空比 $D$ 来实现这两个端口之间的电压或功率控制。

为了实现上述控制，所采用的一次侧 PWM 与二次侧移相调制（Phase - shift Modulation，PSM）策略如图 6-19 所示。图中 $u_{IVR}$、$u_{BCR}$、$u_{BVR}$ 和 $u_{OVR}$ 分别是 IVR、

BCR、BVR 和 OVR 的输出，$u_{Ctrl1}$ 和 $u_{Ctrl2}$ 为 PWM 调制信号，$u_{tri1} \sim u_{tri3}$ 为 PWM 调制载波信号。

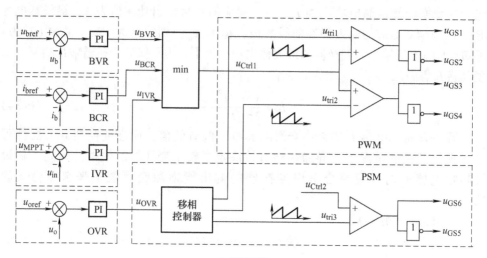

a) 控制框图

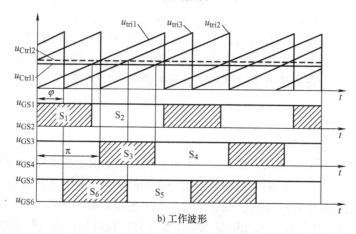

b) 工作波形

图 6-19　FB-TPC 控制与调制策略

采用竞争机制，引入最小值选择器，在 $u_{IVR}$、$u_{BCR}$ 和 $u_{BVR}$ 中选择最小值作为一次侧桥臂开关管占空比的调制信号为

$$u_{Ctrl1} = \min(u_{IVR}, u_{BCR}, u_{BVR}) \tag{6-35}$$

$u_{Ctrl1}$ 和两个交错 180° 的载波 $u_{tri1}$ 和 $u_{tri2}$ 比较，分别产生一次侧两个开关桥臂开关管 $S_1$ 和 $S_3$ 的占空比 $D$，实现光伏输入源的 MPPT 控制和蓄电池充电控制（恒压或恒流）。采用最小值竞争机制，可以实现上述两种控制模式之间平滑切换：当蓄电池电流及电压低于限制值时，BCR 和 BVR 输出正饱和，$u_{BCR}$ 和 $u_{BVR}$ 为最大值，此时有 $u_{Ctrl1} = u_{IVR}$，光伏输入端工作在 MPPT 控制；当蓄电池电流或电压达到限制值时，BCR 或 BVR 会自动退出正饱和状态，当 $u_{BCR}$ 或 $u_{BVR}$ 减小至低于 $u_{IVR}$ 时会取

代 $u_{IVR}$，使得光伏输入端退出 MPPT 控制，系统转入蓄电池充电控制状态。

对于输出端电压控制，采用 $u_{OVR}$ 作为移相控制器的输入，用来调节一、二次侧开关管（$S_1$ 和 $S_6$）之间移相角 $\varphi$，即载波 $u_{tri1}$ 和 $u_{tri3}$ 之间的相位。同时，由于二次侧开关管的占空比恒定为 0.5，因此其调制电压 $u_{Ctrl2}$ 保持恒定并等于载波幅值的一半。

## 6.4　实验结果与分析

为了验证上述针对 FB-TPC 的工作原理、特性、设计及功率控制策略的有效性，在实验室完成了一台 FB-TPC 原理样机，样机主要参数见表 6-2。

表 6-2　FB-TPC 样机参数

| 名　　称 | 数　　值 |
|---|---|
| 输入电压 $U_{in}$/V | 30 ~ 50 |
| 蓄电池电压 $U_b$/V | 64 ~ 80 |
| 输出电压 $U_o$/V | 100 |
| 输出功率 $P_o$/W | 500 |
| 变压器匝数比 $n$ | 0.75 |
| 高频电感 $L_f$/μH | 6 |
| Boost 滤波电感 $L_1$，$L_2$/μH | 20 |
| 开关管 $S_1$ ~ $S_6$ | IPP075N15N3 G |
| 整流二极管 $VD_1$ ~ $VD_2$ | DSA30C150PB |
| 开关频率 $f_s$/kHz | 100 |
| 数字控制器（DSP） | MC56F8247 |

图 6-20 给出了 FB-TPC 光伏输入端到蓄电池端等效交错并联 Boost 变换器的稳态实验波形，其中，$i_{L1}$ 和 $i_{L2}$ 分别为两个 Boost 滤波电感 $L_1$ 和 $L_2$ 的电流，$i_{in}$ 为总的输入端电流（$i_{in} = i_{L1} + i_{L2}$），$u_{GS2}$ 和 $u_{GS4}$ 分别为开关管 $S_2$ 和 $S_4$ 的驱动电压。从图中波形可以看出，两路 Boost 变换器交错 180°工作，两个滤波电感电流叠加后使得总的输入电流纹波大大减小。

FB-TPC 在 CCM1、DCM1 和 DCM2 三种不同工作模式下的稳态工作电压波形如图 6-21 所示，其中 $u_{AB}$ 和 $u_{CD}$ 分别为一次侧和二次侧桥臂中点电压，$i_{Lf}$ 为一次侧高频电感 $L_f$ 的电流。实验测试波形与理论分析中工作波形一致。

分别在 CCM1 和 DCM1 两种模式下测试得到一、二次侧开关管的驱动及漏源极电压波形如图 6-22 和图 6-23 所示，其中 $u_{GS1}$、$u_{GS2}$ 和 $u_{GS5}$ 分别为开关管 $S_1$、$S_2$ 和 $S_5$ 的驱动电压，$u_{DS1}$、$u_{DS2}$ 和 $u_{DS5}$ 分别为开关管 $S_1$、$S_2$ 和 $S_5$ 的漏源极电压。从图中波形可以看出，在两种工作模式下开关管 $S_1$、$S_2$ 和 $S_5$ 均实现了 ZVS。由于电路结构对称，开关管 $S_3$、$S_4$ 和 $S_6$ 也实现了 ZVS。

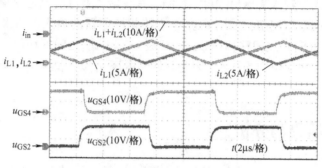

图 6-20  光伏端到蓄电池端稳态实验波形

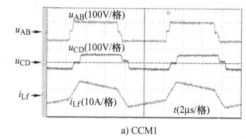

a) CCM1

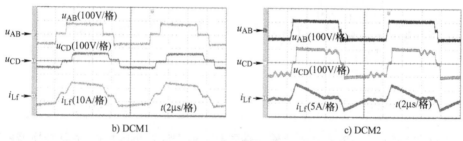

b) DCM1　　　　　　　　　　　　　c) DCM2

图 6-21  FB-TPC 在不同工作模式下稳态工作波形

　　采用"直流电压源串联电阻"模拟 PV 输入源的输出特性，保持输出端负载功率不变，通过改变直流源电压来改变输入端的功率，使得变换器工作在不同的工作状态。图 6-24 给出了变换器依次在 SISO、DI 和 DO 三种工作模式之间切换的实验波形，其中，$u_o$ 为输出端电压，$u_{in}$ 和 $i_{in}$ 分别为输入端电压和电流，$i_b$ 为蓄电池端电流。从图中波形可以看出，随着输入功率的增加，变换器可以实现在不同模式之间自由平滑切换，蓄电池端从放电状态逐步变为充电状态，以维持整个系统的功率平衡。

　　保持变换器输入端功率不变，在输出端负载突加突卸时的实验波形如图 6-25 所示，其中 $i_o$ 为输出端负载电流。从图中波形可以看出，在 $t_1$ 时刻，$p_o$ 由 100W 突加至 300W，蓄电池放电电流增加，在 $t_2$ 时刻，$p_o$ 由 300W 突卸至 100W，蓄电池放电电流减小。在输出功率变化时，蓄电池改变其放电电流大小维持系统功率平衡，同时保持输出端和输入端电压稳定。

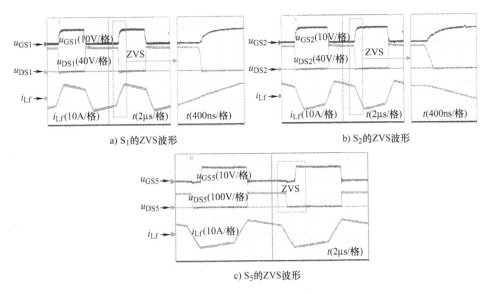

a) $S_1$的ZVS波形

b) $S_2$的ZVS波形

c) $S_5$的ZVS波形

图 6-22 FB-TPC 在 CCM1 模式下各开关管驱动和漏源极电压波形

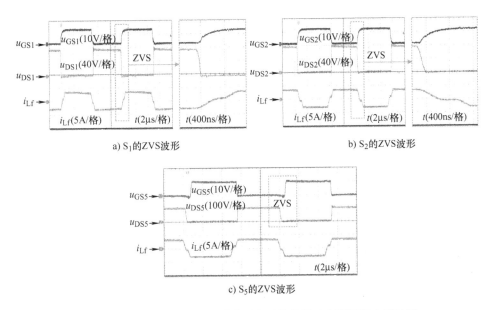

a) $S_1$的ZVS波形

b) $S_2$的ZVS波形

c) $S_5$的ZVS波形

图 6-23 FB-TPC 在 DCM1 模式下各开关管驱动和漏源极电压波形

上述工作模式切换和负载切换时的动态实验波形与理论分析一致，表明了 6.3 节给出的功率控制策略的有效性。同时，在输入或输出功率发生变化时，输入端和输出端电压均保持稳定，表明两者控制环路之间无明显影响。

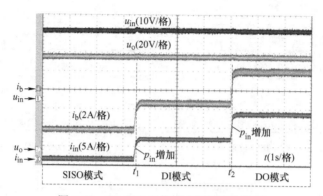

图 6-24 FB-TPC 工作模式切换实验波形

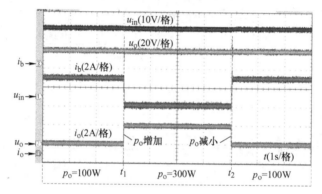

图 6-25 FB-TPC 突加突卸负载实验波形

# 6.5 本章小结

本章研究了一类全桥型 TPC 电路拓扑。两端口交错并联 Buck/Boost 变换器桥臂中点产生高频脉动电压，以此为基础，利用高频无桥 Boost 整流单元构造第三功率端口所需的功率传输支路及其独立控制变量，得到稳定可控的直流电压作为第三个功率端口，同时加入功率变压器实现第三端口的电气隔离。从推导得到的三端口变换器中选取了典型拓扑，对其工作原理、输出特性和控制方法进行了深入分析，实验验证了所提出电路拓扑和功率控制方法的有效性。

# 第7章  双向多端口直流变换器

双向多端口直流变换器各端口的功率均能双向流动，在混合式储能系统、多母线/多能源子系统互联等场合具有应用前景。双向多端口直流变换器各端口通常具有相同或相似的结构，能够容易实现端口数量的扩展。本章将从功率流分析与重构的角度，对双向多端口直流变换器的电路结构做初步探索。

## 7.1  电路拓扑结构

以双向 TPC 为例，其任意两个端口之间均能进行双向变换。其功率流向图如图 7-1b 所示。从图中可以看到，该变换器中共包含六条受控的功率流通路。换言之，该变换器等效集成了六个两端口变换器。参照第 2 章的分析过程，也可以以两端口变换器为基础，通过重新构建功率传输通路和功率控制变量的方式，逐步构建出双向 TPC。然而，由于双向 TPC 功率传输通路数量多，当端口数量增加时，功率传输通路数量更是成倍增加，这使得直接以传统两端口变换器为基础构造双向多端口变换器的过程过于复杂。

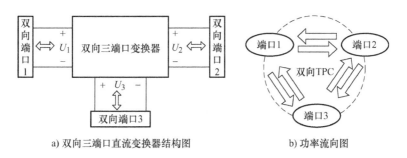

a) 双向三端口直流变换器结构图                    b) 功率流向图

图 7-1   双向三端口直流变换器结构图及功率流向图

考虑到双向 TPC 各功率端口的双向功率变换属性，若以双向直流变换器为基础构造双向 TPC 则可以大大简化中间过程。另外，由于双向 TPC 任意两端口之间都等效为双向直流变换器，则与双向 TPC 每一个功率端口相对应的子电路必然是一个完整双向直流变换器中的一部分，该子电路可以与其他端口的子电路直接"拼接"成为一个完整的双向直流变换器。从这个角度来看，一般化的双向多端口变换器的功率流向图可以表示为图 7-2 所示，即每一个端口各自所对应的子电路应该具备完整的双向电能变换功能。

基于图 7-2，双向多端口变换器电路拓扑构成的关键，在于如何将合适的双向变换子电路以合适的方式相互连接在一起。根据已有研究成果，双向变换子电路的互联主要有两种方式：公共直流母线互联和多绕组变压器互联。

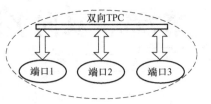

图 7-2　双向多端口变换器功率流向图

公共直流母线结构双向多端口变换器提出较早，主要用于构建非隔离双向多端口变换器，如图 7-3 所示。多个双向非隔离功率变换单元通过公共直流母线连接在一起，并通过集中的控制器统一控制。该方式可以很容易地实现端口数量的扩展，连接各端口与公共母线的各功率变换单元之间是相互独立的，任意端口之间均可以实现双向功率传输。然而，各功率端口间的功率传输实际上是两级功率变换，该结构不具备高集成度、单级功率变换的优点。因此，采用公共直流母线结构的双向非隔离多端口变换器虽然实现了控制上的集成，但没有实现功率电路的集成。

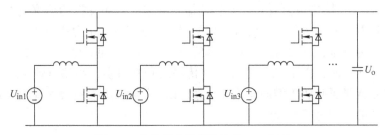

图 7-3　公共直流母线结构的 TPC 拓扑

基于多绕组变压器耦合的双向多端口变换器是一类已经得到广泛研究和关注的电路结构。其典型实现方式是将多个双向桥式开关单元经多绕组变压器耦合。以双向 TPC 为例，其结构及等效电路如图 7-4 所示。该类双向 TPC 的工作原理与双有源桥双向变换器类似，各个端口的直流电压经桥式开关单元逆变成高频交流脉冲电压，然后通过控制各个变压器绕组相互连接，并通过各桥式电路之间的移相实现端口之间功率的双向功率传输和控制，因此其任意两个端口之间的功率传输电路都等效为双有源桥双向变换器。图 7-5 所示隔离 TPC 电路结构中的桥式开关单元可以是全桥单元、半桥单元、Boost 全桥单元、Boost 半桥单元以及全桥串联谐振单元、三相全桥单元等，而且通过变压器绕组数量的调整，可以很容易实现功率端口数量的扩展。但端口数量增多时，多绕组变压器的结构以及双向多端口变换器

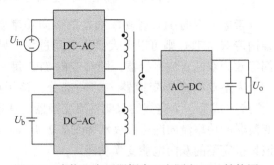

图 7-4　多绕组变压器耦合双向隔离 TPC 结构图

的控制也越加复杂。

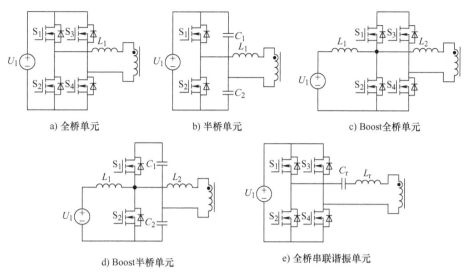

a) 全桥单元　　　　　　　　b) 半桥单元　　　　　　　　c) Boost全桥单元

d) Boost半桥单元　　　　　　　　e) 全桥串联谐振单元

图 7-5　隔离 TPC 电路中桥式开关单元的电路形式

## 7.2　基于直流电感互联的多端口 Buck – Boost 变换器

根据上述分析，只要采取合适的连接方法，将多个双向开关单元互联，就可以获得相应的双向多端口变换器。本节将从双向 H 桥 Buck – Boost 变换器出发，通过分析该电路构成原理，并在此基础上进一步扩展双向 H 桥 Buck – Boost 变换器的端口数量，得到了一类新颖的多端口 Buck – Boost 变换器。

### 7.2.1　电路构成原理

双向 H 桥 Buck – Boost 变换器是由两个双向 Buck/Boost 变换器级联构成的，如图 7-6a 所示。由于两个电感的平均电流相等，去除级联变换器中间的电容，则得到图 7-6b 所示双向 H 桥 Buck – Boost 变换器。

由图 7-6 所示电路构成过程可知，双向 H 桥 Buck – Boost 变换器实际是将 $U_1$、$S_{11}$ 和 $S_{12}$ 构成的双向开关单元以及 $U_2$、$S_{21}$ 和 $S_{22}$ 构成的双向开关单元通过两个直流电感 $L_1$、$L_2$ 互联构成的，两个端口的结构和连接方式完全对称。将上述过程推广，可以容易实现双向端口数量的扩展，得到双向多端口 Buck – Boost 变换器，如图 7-7 所示。相比于图 7-6 所示传统公共直流母线双向多端口变换器，图 7-7 所示双向多端口 Buck – Boost 变换器去除了公共直流母线上的电容，任意两端口之间均等效为双向 H 桥 Buck – Boost 变换器，通过采用合适的调制和控制策略，可以实现任意两端口之间的单级双向功率变换。

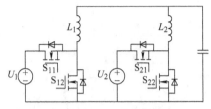

a) 双向Buck/Boost变换器级联

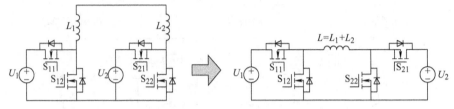

b) 双向H桥Buck–Boost变换器

图 7-6　双向 H 桥 Buck – Boost 变换器电路构成过程

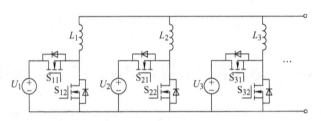

图 7-7　双向多端口 Buck – Boost 变换器

## 7.2.2　一类多端口 Buck – Boost 变换器拓扑

　　将图 7-7 所示的双向多端口 Buck – Boost 变换器进一步用所示的结构图表示为图 7-8。从图中可以看到，双向多端口 Buck – Boost 变换器中各端口等效的直流电压源与双向开关桥臂共同构成了一个脉冲电压源（Pulsating Voltage Cell，PVC），多个 PVC 通过直流连接电感（DC-Link-Inductor，DLI）实现互联，从而构成了结构对称、端口数量可以任意扩展的双向多端口变换器。

　　图 7-8 中每个端口的等效 PVC 是一个双向 Buck/Boost 开关单元，但 PVC 不仅仅只有这一种实现方式，而且 PVC 也并非一定是双向型的。PVC 既可以是单向输入型，也可以是单向输出型，既可以是非隔离型，也可以是隔离型。图 7-9 ~ 图 7-11 分别给出了一组双向型、单向输入型和单向输出型 PVC 的实现电路，这些 PVC 均来源于已知的非隔离或隔

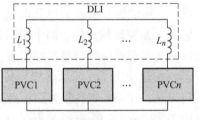

图 7-8　双向多端口 Buck – Boost
变换器结构图

离 PWM 变换器。需要注意的是，不同于能够对外输出功率的双向型和单向输入型 PVC，单向输出型 PVC 只能吸收功率。

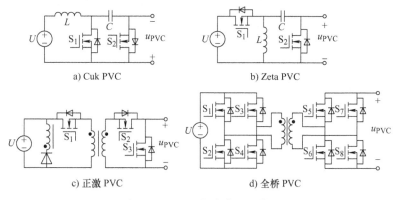

图 7-9　一组双向脉冲电压单元

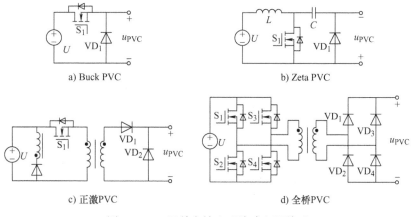

图 7-10　一组单向输入型脉冲电压单元

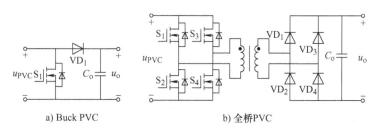

图 7-11　一组单向输出型脉冲电压单元

只要将图 7-8 框图中的 PVC 单元用相应的实现电路代替，就能够得到一系列多端口 Buck - Boost 变换器。需要注意的是，在具体实现时，框图中的 PVC 单元不能全部选用输入型或输出型。为了确保电路的正常工作，系统中必须至少有一组单向输入型或双向型 PVC，同时至少有一组单向输出型或双向型 PVC。

仍以包含三个功率端口电路为例，图 7-12 给出了一组非隔离型三端口 Buck - Boost 变换器拓扑结构，其中，图 7-12a 包含两个双向端口，图 7-12b 仅包含一个双向端口，图 7-12c 实际为双输入变换器，图 7-12d 则为双输出变换器。图 7-13 给出了包含一个隔离端口的部分隔离型三端口 Buck - Boost 变换器拓扑结构，其中隔离端口均通过全桥型 PVC 引入。

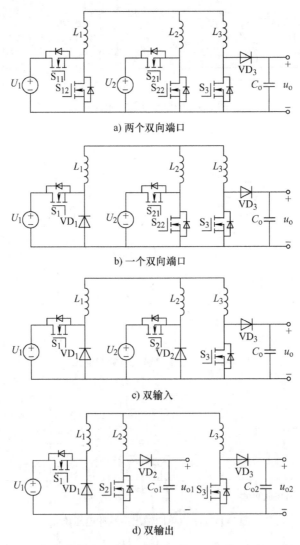

a) 两个双向端口

b) 一个双向端口

c) 双输入

d) 双输出

图 7-12　非隔离型三端口 Buck - Boost 变换器拓扑结构

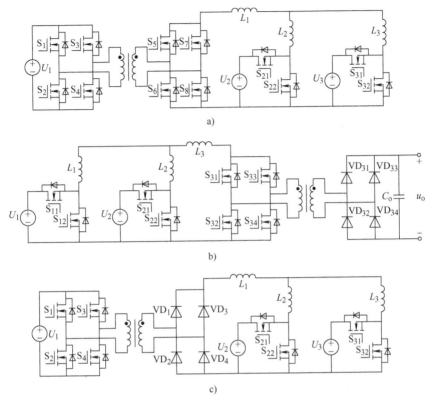

a)

b)

c)

图 7-13 部分端口隔离型三端口 Buck – Boost 变换器拓扑结构

# 7.3 双向三端口 Buck – Boost 变换器分析与验证

以图 7-14 所示双向三端口 Buck – Boost 变换器为例进行详细分析。

变换器包含 3 个双向 Buck/Boost 开关单元，其中 $U_1 \sim U_3$ 分别为 1# ~ 3#端口的电压，与之对应的开关单元分别记为 1# ~ 3#开关单元（桥臂）。变换器工作时，同一桥臂的两个开关管互补导通，各桥臂上管 $S_{11} \sim S_{31}$ 占空比分别记为 $d_1 \sim d_3$。定义流出端口的功率方向为正方向，则当第 $i$（$i =$ 1 ~3）个端口的功率 $P_i \geq 0$ 时，该端口表现为功率输入端口；反之，为功率输出端口。根据三个端口的功率流向，图 7-14 所示双向三端口变换器主要有如下两类工作模式：

1）单输入双输出（Single Input Dual Output,

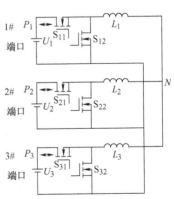

图 7-14 非隔离型双向三端口
直流变换器

SIDO）：例如当 $P_1 \geq 0$，$P_2 \leq 0$、$P_3 \leq 0$ 时，1#端口作为输入端，同时向2#、3#两个端口提供功率，系统等效功率流向图如图7-15a所示。

2）双输入单输出（Dual Input Single Output，DISO）：例如当 $P_2 \geq 0$、$P_3 \geq 0$，$P_1 \leq 0$ 时，2#和3#两个端口作为输入端，同时向1#端口提供功率，系统等效功率流向图如图7-15b所示。

图7-14所示变换器含有三个双向 Buck/Boost 开关单元，对于三端口功率系统，只需要两个独立的控制变量就可以实现系统功率控制。因此，为了减小开关损耗、提高变换器的效率，可以使得电压最低的功

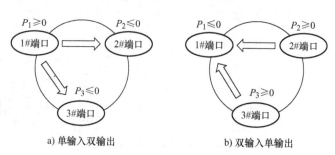

a) 单输入双输出　　　　　　　b) 双输入单输出

图7-15　两种工作模式下功率流向图

率端口所对应开关桥臂的上管保持直通，即保证在任意条件下均只有两个桥臂高频开关工作。例如，对于图7-15a所示 SIDO 模式，若端口电压之间的关系为 $U_3 > U_1 > U_2$，则应使得 $S_{21}$ 保持导通而 $S_{11}$、$S_{31}$ 开关工作。下面以此为例分析变换器的工作模态。

## 7.3.1　工作原理分析

假设三个电感都相等，开关管均为理想器件且各桥臂上管同步导通，变换器主要工作波形如图7-16所示。图中 $u_{GS11} \sim u_{GS31}$ 分别为 $S_{11} \sim S_{31}$ 的驱动电压，$i_{L1} \sim i_{L3}$ 分别为电感 $L_1 \sim L_3$ 的电流，$u_N$ 为电感公共点 N 的电压。在一个开关周期内，共有三个主要的开关模态，各模态等效电路如图7-17所示。

模态 I（$t_0 \sim t_1$）：如图7-17a所示，$S_{11}$、$S_{21}$ 和 $S_{31}$ 均导通，$i_{L2}$ 上升，$i_{L1}$、$i_{L3}$ 下降：

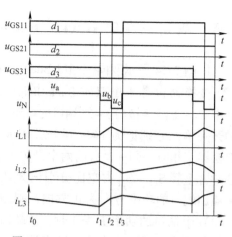

图7-16　$U_3 > U_1 > U_2$ 时主要工作波形图

$$\begin{cases} di_{L1}/dt = [U_1 - (U_1 + U_2 + U_3)/3]/L_1 \\ di_{L2}/dt = [(U_1 + U_2 + U_3)/3 - U_2]/L_2 \\ di_{L3}/dt = [(U_1 + U_2 + U_3)/3 - U_3]/L_3 \end{cases}$$

$$(7-1)$$

模态 II（$t_1 \sim t_2$）：如图7-17b所示，$S_{11}$、$S_{21}$ 导通，$S_{31}$ 关断，$i_{L1}$、$i_{L3}$ 上升，$i_{L2}$ 下降：

$$\begin{cases} di_{L1}/dt = [\,U_1 - (U_1 + U_2)/3\,]/L_1 \\ di_{L2}/dt = [\,(U_1 + U_2)/3 - U_2\,]/L_2 \\ di_{L3}/dt = [\,(U_1 + U_2)/3 - U_3\,]/L_3 \end{cases} \tag{7-2}$$

模态Ⅲ（$t_2 \sim t_3$）：如图7-17c所示，$S_{21}$导通，$S_{11}$、$S_{31}$关断，$i_{L3}$上升，$i_{L1}$、$i_{L2}$下降：

$$\begin{cases} di_{L1}/dt = (\,-U_2/3\,)/L_1 \\ di_{L2}/dt = (\,U_2/3 - U_2\,)/L_2 \\ di_{L3}/dt = (\,U_2/3 - U_3\,)/L_3 \end{cases} \tag{7-3}$$

由电感伏秒平衡关系，在一个开关周期内，各电感两端电压平均值为零，整理式(7-1)～式(7-3)，可以得到各端口电压之间关系

$$U_1 d_1 = U_2 = U_3 d_3 \tag{7-4}$$

式(7-4)表明，当$U_3 > U_1 > U_2$时，保持开关管$S_{21}$直通，通过调节$S_{11}$和$S_{31}$两个开关管的占空比就能够实现三个端口的电压/功率调节。

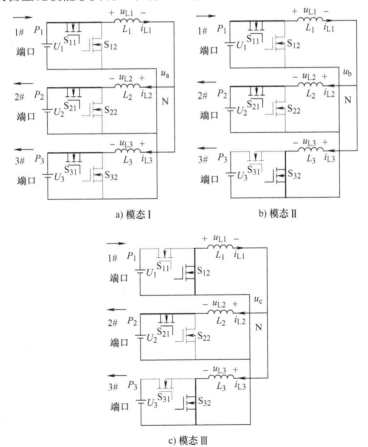

a) 模态Ⅰ    b) 模态Ⅱ

c) 模态Ⅲ

图7-17　各工作模态等效电路图

根据上述分析可知，所提出的非隔离双向 TPC 由于去掉了传统电路结构中的直流母线电容，各端口之间均为单级功率变换。同时，保持最低端口电压对应的开关单元直通，任意时刻仅有两个单元高频开关工作，降低了开关损耗和导通损耗，提高了变换器的整体效率。

### 7.3.2 控制与调制策略

假设非隔离双向 TPC 的各个端口分别连接三个直流母线。图 7-14 所示三端口变换器，任意时刻最多只有两个端口的电压（或电流）可以受控，第三个端口的电压（或电流）则由系统功率平衡关系决定。以图 7-15a 所示 SIDO 模式为例，Bus1 为输入、Bus2 和 Bus3 为输出，控制目标为稳定 Bus2 和 Bus3 的电压，则对应的系统控制框图如图 7-18 所示。$u_{os2}$ 和 $u_{os3}$ 分别为 Bus2 和 Bus3 的输出电压采样，经过母线电压调节器 BVR2、BVR3 生成 2#、3#开关单元的控制电压 $u_{c2}$ 和 $u_{c3}$，$u_{c2} = u_{BVR2}$、$u_{c3} = u_{BVR3}$，再分别与载波 $u_{tri\_out}$ 交截生成 2#、3#开关单元下管的 PWM 信号；竞争控制单元（min）自动选取 $u_{c2}$ 和 $u_{c3}$ 的最小值作为 1#开关单元的控制电压 $u_{c1}$，$u_{c1} = \min(u_{c2}, u_{c3})$，与载波 $u_{tri\_in}$ 交截，产生 1#开关单元 PWM 信号。$u_{tri\_in}$ 与 $u_{tri\_out}$ 临界交截，可以保证任意时刻 $u_{c1} \sim u_{c3}$ 仅与一个载波交截，且能够实现变换器在升压和降压两种模式下的平滑切换。

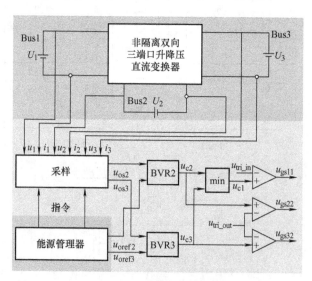

图 7-18　变换器控制框图

图 7-19 给出了变换器 PWM 调制策略原理示意图，结合图 7-18 和图 7-19 分析 PWM 原理。不失一般性，假设 $U_2 < U_3$，则有 $u_{c2} < u_{c3}$，$u_{c1} = u_{c2}$。如图 7-19a 所示，当 $U_1 < U_2$ 时，$u_{c2}$ 和 $u_{c3}$ 都与 $u_{tri\_out}$ 交截，且 $u_{c1}$ 一直位于 $u_{tri\_in}$ 上方，此时 $S_{11}$ 保持导通，$S_{21}$ 和 $S_{22}$、$S_{31}$ 和 $S_{32}$ 分别高频互补工作。随着 $U_1$ 的增加，$u_{c2}$、$u_{c3}$ 逐渐减

小，$d_2$、$d_3$逐渐增大；当$U_1 = U_2$时，$u_{c2}$与$u_{tri\_out}$、$u_{tri\_in}$临界交截，$d_2$增大到1，此时仅有$S_{31}$和$S_{32}$高频开关工作。当$U_1 > U_2$时，$u_{c3}$保持恒定且与$u_{tri\_out}$交截，$u_{c2}$始终位于$u_{tri\_out}$下方，$u_{c1}$与$u_{tri\_in}$交截，如图7-19b所示，此时$S_{21}$保持直通而$S_{22}$一直关断，另外两个桥臂开关管高频互补工作。根据上述分析可知，采用上述调制策略，可以保证最低电压端口对应开关桥臂的上管占空比为1，且在端口电压变化时，可以自动实现升、降压模式的平滑切换。

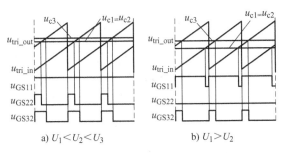

a) $U_1 < U_2 < U_3$        b) $U_1 > U_2$

图7-19 单输入双输出时 PWM 调制策略

对于图7-15b所示DISO模式，Bus2和Bus3为输入、Bus1为输出，设定控制目标为稳定Bus1电压和Bus3的输入电流，3#开关单元的控制电压由母线电流调节器BCR3生成。此时，各开关单元的控制电压为：$u_{c3} = u_{BCR3}$、$u_{c2} = u_{BVR1}$、$u_{c1} = \max(u_{c2}, u_{c3})$。仍采用上述调制策略，即输入、输出端口的控制电压分别与$u_{tri\_in}$、$u_{tri\_out}$交截产生PWM信号，实现对整个系统的控制。

对于多端口应用场合，其单输入多输出和多输入单输出模式的控制策略分别与上述SIDO和DISO类似。以四端口、多输入多输出模式（双输入双输出）为例，不妨令1#、2#端口为输出端口，3#、4#端口为输入端口，设定控制目标为1#、2#端口的输出电压和3#端口的输入电流，则各开关单元的控制电压为：$u_{c3} = u_{BCR3}$，$u_{c4} = \min(u_{BVR1}, u_{BVR2})$，$u_{c2} = u_{BVR2}$，$u_{c1} = \max(u_{c3}, u_{c4})$。各输入、输出端口的控制电压确定以后，采用相同的调制策略，实现对整个系统的控制。

## 7.3.3 实验结果与分析

以航天应用为背景，采用图7-12双向三端口升降压变换器拓扑，搭建了一台1000W原理样机。直流母线电压$U_1 \sim U_3$均为90～110V。

图7-20为SIDO模式下（输入端$U_1 = 100$V，输出端$U_2 = 95$V、$U_3 = 105$V）的稳态工作波形，由于2#母线电压最低，$S_{21}$直通，1#、3#单元开关工作分别实现降压和升压。图中给出了1#、3#开关单元中开关管$S_{11}$、$S_{32}$的驱动波形及3个电感的电流波形，实验波形与理论分析一致。

图7-21为在上述SIDO模式下，输入电压阶跃变化（90V – 100V – 90V）时

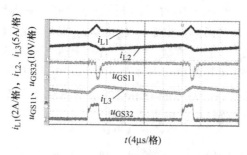

图 7-20 单输入双输出时稳态工作波形图

的动态实验波形，当 $U_1 = 90\text{V}$ 时，1#母线电压最低，$S_{11}$ 直通 $S_{12}$ 关断，2#、3#单元开关工作；当 $U_1 = 100\text{V}$ 时，2#母线电压最低，$S_{21}$ 直通 $S_{22}$ 关断，1#、3#单元开关工作。实验结果表明，变换器可以保证最低端口电压对应的开关单元直通，并能够平滑实现端口间升降压工作模式的切换，实验结果表明了 PWM 调制策略的有效性。

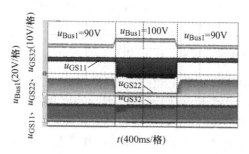

图 7-21 单输入双输出下输入电压阶跃时动态实验波形

图 7-22 为 DISO 模式时（输入端 $U_2 = 95\text{V}$、$U_3 = 105\text{V}$、$I_3 = 3\text{A}$，输出端 $U_1 = 100\text{V}$）负载阶跃时的动态实验波形。实验中所采用的控制策略是，通过调节 Bus2 的电流，保持 Bus1 的电压和 Bus3 向系统输入的电流恒定，当 Bus1 负载电流增加或减小时，Bus3 保持恒定电流输出、Bus2 电流随之增加或减小以满足 Bus1 的功率需求，实验结果验证了控制策略的有效性。

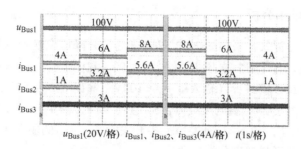

图 7-22 双输入单输出下输出负载阶跃时动态实验波形

采用所提出的双向三端口 Buck – Boost 变换器，当其中一个端口电压恒定为 100V、另外一个端口电压变化时，两端口之间的变换效率随输出功率变化的曲线如图 7-23 中实线所示。作为对比，图 7-23 中虚线同时给出了采用传统公共直流母线解决方案时两端口之间的效率曲线。由图中效率曲线可知，本文所提出变换器在不同输入电压下、整个负载范围内均获得了较高的效率；特别当输入输出电压相近时，各开关单元上管占空比接近于 1，端口之间相当于通过滤波器相连，此时效率最高约为 99.6%。传统带直流母线电容的解决方案中，由于母线电压范围为 90 ～ 110V，为了保证功率始终双向受控，设定中间母线电容电压为 90V，由图中效率曲线可知，由于经过两级功率变换，在相同输入输出条件下，端口之间的效率明显降低。

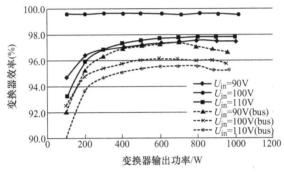

图 7-23　效率曲线

## 7.4　本章小结

本章对双向多端口变换器做了初步探索。双向多端口变换器内部功率传输通路数量多、控制变量多，如果直接以传统单输入单输出两端口变换器为基础构造双向多端口变换器会导致过程过于复杂。考虑到双向多端口变换器各端口的双向变换属性、各端口的对称性和可扩展性，指出利用双向开关单元组合连接的方法更适合双向多端口变换器。基于上述思路，分析了已有的非隔离和隔离型双向多端口变换器电路结构，并以双向 H 桥 Buck – Boost 变换器为基础，构造了一类基于直流电感连接的多端口直流变换器拓扑结构。以其中的双向三端口 Buck – Boost 变换器为例，进行了详细的分析和验证，证明了理论分析的正确性。

# 第8章 基于模块化三端口变换器的航天器供电系统

航天器供电系统是由太阳能电池、储能电池和负载构成的典型三端口功率系统。随着我国航天技术的快速发展，采用多个两端口变换器组合实现此类三端口功率系统功率管理控制的传统解决方案将面临系统效率、功率密度、体积重量等一系列挑战。本章将三端口变换器应用于航天供电系统，以三端口变换器为功率模块构建高效、高可靠、可扩展的空间分布式能源系统，对其中涉及的系统架构和功率控制技术开展详细研究。

## 8.1 概述

航天器供电系统是航天器中产生、储存、变换、调节、控制和分配电能的子系统，其功能是从原生能源获得电能，经过一系列功率变换和能量储存，向航天器中所有用电设备、平台和有效载荷供电。全世界90%以上的航天器采用太阳能 PV 阵列作为航天器供电系统主电源。航天器在轨运行时，PV 的输出功率受光照、温度的影响而在很宽范围内变化，为了保证航天器负载的平稳、可靠连续供电，航天器供电系统通常采用镍氢电池或锂离子电池作为储能电源，用于存储 PV 在阳照区时输出的峰值功率、补充航天器在弱光区或地影区时负载所需要的不足功率。因此，航天器供电系统是典型的由太阳能电池、储能电池和负载构成的三端口功率系统。相对于采用多个独立的两端口变换器组合构建航天器供电系统的方式，采用集成 TPC 的突出优点在于：采用一个集成的变换器同时实现了 PV 的 MPPT、一次电源母线电压以及蓄电池充放电控制；PV、蓄电池和一次母线中任意两个端口之间均为单级功率变换，系统变换效率高；电路和功能集成，器件利用率高、功率密度高；易于实现整个系统统一的功率控制和能量管理。

针对航天器对供电系统可靠性、冗余性以及系统功率扩展的需求，要求 TPC 模块能够实现 "$N+1$" 或 "$N+X$" 冗余并联。如图 8-1 所示，各 TPC 模块输入端、双向端和输出端等三个端口均并联连接，并分别与 PV 阵列、蓄电池组

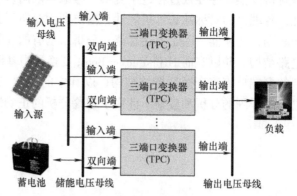

图 8-1 模块化 TPC 并联系统结构图

146

和输出直流母线相连。

对于大型航天器或高空飞行器，太阳能电池阵列由于安装位置、角度的不同，相互之间可能存在遮挡。这要求将每组太阳电池以独立可控的方式接入电源系统。针对上述需求，可以采用图 8-2 所示的输入源端分布式模块化 TPC 系统结构，该系统中各 TPC 模块的输入端相互独立并连接分布式输入源，可以实现所有输入源的 MPPT；储能端和输出端分别并联后再连接至集中式储能装置和负载，实现储能装置的充放电控制和负载的稳定供电。

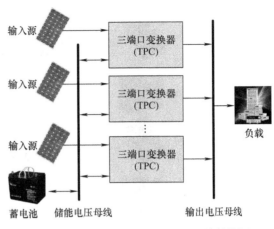

图 8-2　源端分布式模块化 TPC 系统结构图

大型空间平台、航天器供电系统中，用电设备数量和载荷种类等逐渐增加，负载在空间上的分散性要求供电系统具有多路输出的功能。同时，不同载荷的供电电压等要求可能各不相同，且出于可靠性和安全性的考虑，载荷之间要求相互电气隔离。针对上述需求，可以采用如图 8-3 所示的负载端分布式模块化 TPC 系统结构。在该系统中，各 TPC 模块的输出端相互独立，分别连接不同负载以

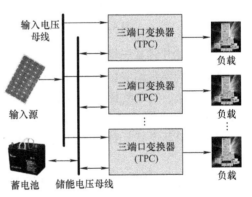

图 8-3　负载端分布式模块化 TPC 系统结构图

实现各自独立供电；各 TPC 模块的输入端和储能端分别并联后再连接至 PV 阵列和储能装置。采用该系统架构，可以保证各个端口之间的能量传输均为单级功率变换。

由于火箭运载能力限制，空间站等大型空间平台多采用分批发射、在轨组装的方式实现。分批发射的各个舱段均带有独立的供电子系统，在轨组装后各供电子系统能够相互连接，实现组网供电。针对上述需求，可以采用图 8-4 所示的共负载母线分布式模块 TPC 供电系统架构。该架构中，每个 TPC 连接独立的太阳能电池阵列和蓄电池，各个 TPC 输出端相互并联构成负载供电直流母线。TPC 既要实现各个三端口子系统的能量管理，同时多个 TPC 要相互协同、实现负载母线的稳定。

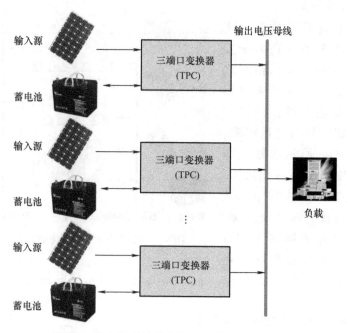

图 8-4 共负载母线分布式 TPC 供电系统结构图

对于上述几种基于模块化 TPC 的供电系统架构，各 TPC 之间的能量管理与协调管理是系统实现的关键。不同于传统两端口变换器并联或基于两端口变换器的分布式供电系统，TPC 的控制自由度更高、需要兼顾多个功率端口的调控需求，决定了以 TPC 为基本模块的分布式供电系统不能照搬两端口变换器的能量管理策略。下文将逐个分析上述几种系统对能量管理的需求，并给出相应的解决方案。

## 8.2 模块化并联 TPC 系统功率控制

### 8.2.1 系统运行模式

传统两端口变换器并联系统中，两端口变换器的输入端和输出端之间只有一条功率传输路径，仅对输入端和输出端其中之一采取均流调节，即可实现各并联模块均流。而 TPC 模块含有三个功率端口，每两个端口之间各存在一条等效功率传输路径，仅对一个端口进行均流控制无法实现整个系统功率的平均分配，因为即使某一端口实现均流，剩余两个端口的功率仍存在多种可能的组合，从而导致功率分配不平衡。

以两个 TPC 模块构成的并联系统为例进行研究，如图 8-5 所示，其中两个 TPC 模块的输入端并联后连接 PV 阵列、储能端并联后连接蓄电池、输出端并联后连接负载。

对于每个 TPC 模块，当忽略损耗时其三个端口之间的功率时刻保持平衡，即有

$$\begin{cases} p_{in1} = p_{b1} + p_{o1} \\ p_{in2} = p_{b2} + p_{o2} \end{cases} \quad (8-1)$$

其中 $p_{in1}$（$p_{in2}$）、$p_{b1}$（$p_{b2}$）和 $p_{o1}$（$p_{o2}$）分别为 1#(2#)TPC 模块的输入端、储能端和输出端功率。

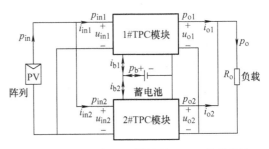

图 8-5　基于两个 TPC 模块的 MTPC 并联系统

对于整个并联系统，$p_{in}$、$p_b$、$p_o$ 分别为系统总的输入端、蓄电池端和负载端功率，则有

$$p_{in} = p_b + p_o \quad (8-2)$$

在均流控制策略下，两个并联运行的 TPC 模块中三个端口电流的大小和方向均相同，即两者所处的工作状态一致。根据系统总的输入、输出功率之间的关系，图 8-5 所示 TPC 并联系统也存在单入单出、双输入和双输出三种工作模式：

（1）单入单出模式：负载功率完全由蓄电池提供，此时系统等效为两个两端口变换器并联；

（2）双输入模式：蓄电池通过两个 TPC 模块以相同的功率进行放电，此时系统等效为两个双输入变换器并联；

（3）双输出模式：蓄电池通过两个 TPC 模块以相同的功率进行充电，此时系统等效为两个双输出变换器并联。

## 8.2.2　均流控制方法

### 8.2.2.1　均流方法概述

对于 TPC 并联系统，虽然单个 TPC 模块包含三个功率端口，但端口之间功率传输路径仍可等效为传统的两端口变换器。针对两端口变换器并联系统，国内外学者已经提出了许多均流控制方法，主要包括两大类：下垂法和有源均流法，其中有源均流法又包括主从均流法、平均值均流法和民主均流法等[21-25]。这些方法也可以通过适当改进应用于 TPC 并联系统。

下垂法通过调节变换器的输出阻抗来实现并联模块均流，其优点在于，易于实现且方便系统扩展，不需要均流母线，各模块的控制相互独立。其主要缺点是：均流性能较差且电压调整率下降。因此，下垂均流法仅适用于对均流特性和电压调整率要求较低的应用场合。

主从均流法适用于电流型控制的 DC – DC 变换器并联系统，所有从模块均跟随主模块的电流指令，可以获得较高的均流精度，但其最大的缺点是系统容错性

能差，一旦主模块失效，整个并联电源系统将不能工作，故不太适用于冗余并联系统。

平均值均流法以所有模块电流的平均值作为公共均流母线，并以此为基准调整各模块的输出电压来实现均流。该方法可以实现精确均流，且每个变换器模块地位均等，方便并联系统容量的拓展。民主均流法与平均值均流法类似，主要区别是民主均流法将各模块电流的最大值作为公共均流母线，能够实现较好的冗余。

对于航天器并联供电系统，需要具有较高的可靠性和冗余性，同时要求其输出电压具有良好的动态性能，以满足负载的供电要求。因此，上述几种均流控制方法中，平均值均流法和民主均流法较为适用，本文选择平均值均流法。

根据均流环和电压环的位置关系，有源均流控制方法一般可分为三种调节方式：①内环调节；②外环调节；③双环调节。

内环调节是以电压环的输出作为均流环的基准，适用于电流模式控制，但均流母线为电压环输出的误差信号，抗干扰性能差。因此，内环调节方式一般用于模块内多相交错电路中，而不适用于多模块分布式并联系统，尤其是均流母线的连接距离相对较远的场合。

双环调节采用电压环和均流环并联的结构，两者输出按照一定比例叠加后作为调制电压实现变换器控制。该方法下均流环和电压环相对独立，方便调节器参数的设计，但在实际应用中，如果模块间电压采样环节和电压基准存在差异，基准较小的模块其电压环输出为零，仅靠均流环调节难以实现电压的控制。

外环调节是将均流环的输出与电压环的基准叠加，通过调整输出电压实现模块间均流控制。该方法均流精度高、容错性能好，具有较好的模块化特性，方便系统扩充，因此比较适用于多模块分布式并联系统。本文将外环调节均流控制应用于TPC并联调节。

### 8.2.2.2 均流控制方案

由上述分析可知，对于TPC并联系统，仅靠一端均流控制无法同时实现所有端口的电流均衡。由于单个TPC模块包含三个功率端口，为了保证所有端口的电流受控，需要对其中两个功率端口同时采取均流控制措施，剩余的第三个端口根据能量守恒定律可以自动实现均流。因此，根据所选取均流控制的端口类型，可以有如下三种不同的均流控制对象组合：①储能端和输出端同时均流，输入端自由；②输入端和输出端同时均流，储能端自由；③输入端和储能端同时均流，输出端自由。考虑到当输入端功率为零时无需对其进行均流调节，"储能端和输出端同时均流、输入端自由"的方式更加适合TPC并联系统。

由于储能端均流控制和输出端均流控制具体实现方式和工作原理类似，下面仅以输出端均流为例进行具体分析，控制框图如图8-6所示。

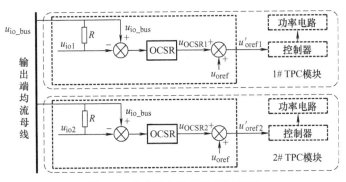

图 8-6　输出端电流均流控制框图

图 8-6 中，$u_{io1}$ 和 $u_{io2}$ 分别为 1# 和 2# 两个 TPC 模块输出端电流采样值，$R$ 为取平均值电阻，$u_{io\_bus}$ 为输出端电流均流母线电压，则 $u_{io\_bus}$ 为 $u_{io1}$ 和 $u_{io2}$ 的平均值。

$$u_{io\_bus} = \frac{u_{io1} + u_{io2}}{2} \tag{8-3}$$

OCSR 表示输出端电流均流调节器（Output Current Sharing Regulator，OCSR），$u_{OCSR1}$ 和 $u_{OCSR2}$ 分别为两个模块 OCSR 的输出电压即均流误差信号，$u_{oref}$ 为输出端电压基准，$u'_{oref1}$ 和 $u'_{oref2}$ 分别为两个模块经过校正后的输出端电压基准

$$\begin{cases} u'_{oref1} = u_{oref} + u_{OCSR1} \\ u'_{oref2} = u_{oref} + u_{OCSR2} \end{cases} \tag{8-4}$$

以 1# 模块为例，给出图 8-6 所示输出端电流均流控制的具体工作过程：若 $u_{io1} = u_{io\_bus}$，表明这时两个并联模块已经实现了均流；当其输出端电流 $i_{o1}$ 增大时，$u_{io1}$ 增加，经 OCSR 调节后其均流误差信号 $u_{OCSR1}$ 减小，使得输出端实际的电压基准 $u'_{oref1}$ 减小，通过电压闭环调节其输出电压降低，从而减小其输出电流，实现模块间输出端均流控制。

以第 6 章中所研究的 FB-TPC 作为基本单元搭建图 8-5 所示三端并联式 MTPC 系统，并结合第 6 章中给出的单个 FB-TPC 模块的功率控制方法，给出包含均流控制的 TPC 并联系统框图如图 8-7 所示。图中两个 FB-TPC 模块的三个端口均并联，分别连接输入电压母线、蓄电池电压母线和输出电压母线。每个 FB-TPC 模块的控制系统中包含模块内部控制、输出端均流控制和蓄电池端均流控制等三个部分，模块之间存在两条均流母线：蓄电池端均流母线和输出端均流母线。其中，BCSR 表示蓄电池端均流调节器（Battery Current Sharing Regulator，BCSR），其输出记为 $u_{OCSR}$，$u_{ib\_bus}$ 为蓄电池端均流母线电压。以 1# 模块为例进行分析，输出端电流采样 $u_{io1}$ 与均流母线 $u_{io\_bus}$ 比较，经 OCSR 调节后得到均流误差信号 $u_{OCSR1}$，并将其叠加到输出端电压基准 $u_{oref}$ 上；蓄电池电流采样 $u_{ib1}$ 与均流母线 $u_{ib\_bus}$ 比较，经 BCSR 调节后得到均流误差信号 $u_{BCSR1}$，并将其叠加到蓄电池端（输入端）电压基准 $u_{bref}$（$u_{inref}$）上；经过修正后的各控制环路基准电压一起进入模块内部控制器，进而实

现对应端口电流的均衡控制。

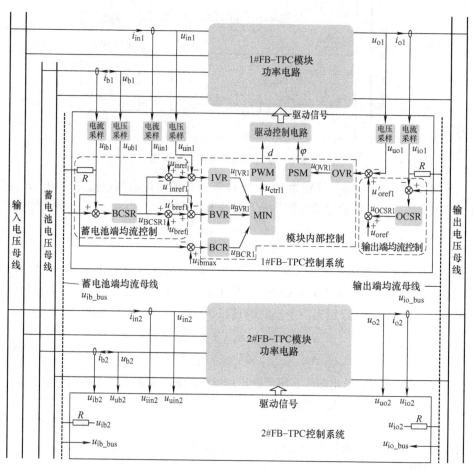

图 8-7　基于两个 FB-TPC 模块的 MTPC 并联系统整体控制框图

## 8.2.3　实验结果与分析

以第 6 章所研究的 FB-TPC 作为基本模块，搭建了两个 TPC 模块并联系统并进行了测试。

保持输出功率 $p_o = 200\text{W}$ 不变，当输入功率突变时系统在单入单出模式和双输入模式两种工作状态之间切换时的实验波形如图 8-8 所示，图 a、b 和 c 分别为两个模块的输出端、蓄电池端和输入端的电压与电流波形。由图 8-8 中波形可知，当输入功率为零时，负载功率仅由蓄电池功率提供；在 $t_1$ 时刻，$p_{\text{in}}$ 由 0W 突加至 100W，由于输出功率不变，蓄电池放电电流减小；在 $t_2$ 时刻，$p_{\text{in}}$ 由 100W 突加至 0W，蓄电池放电电流增加；当输入功率变化时，系统在 SISO 状态和 DI 状态之间平滑切换，系统输出电压和电流均保持稳定。同时，在两种工作状态下，系统各个

152

端口均实现了良好的均流控制。

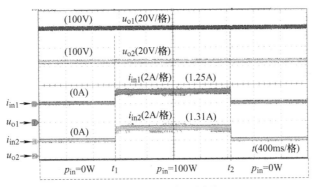

a) 输出端电压和输入端电流

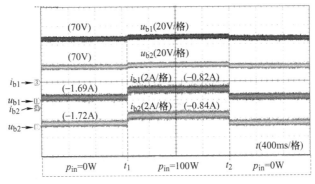

b) 蓄电池端电压和蓄电池端电流

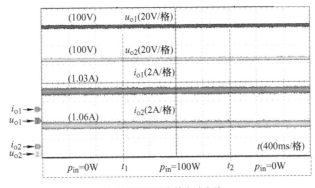

c) 输出端电压和输出端电流

图 8-8 三端并联式 MTPC 系统在 SISO 和 DI 状态之间切换时实验波形

保持输入功率 $p_{in}$ =400W 不变，当输出功率突变时系统在双输入模式和双输出模式两种工作状态之间切换时的实验波形如图 8-9 所示，图 a、b 和 c 中分别为两个模块的输出端、蓄电池端和输入端的电压与电流波形。由图 8-9 可知，当 $p_o$ = 300W 时，输出功率小于总的输入功率，蓄电池充电、系统处于 DO 状态；在 $t_1$ 时刻，$p_o$ 由 300W 突加至 600W，输出功率大于总的输入功率，蓄电池放电、系统处于 DI 状态；在 $t_2$ 时刻，$p_o$ 由 600W 突卸至 300W，系统又返回到 DO 状态。当输出功率变化时，系统在 DI 和 DO 两种工作状态之间平滑切换，且系统输出电压均保持稳定。同时，在两种工作状态下，系统各端口均实现了良好的均流控制。

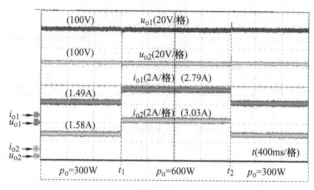

a) 输出端电压和电流

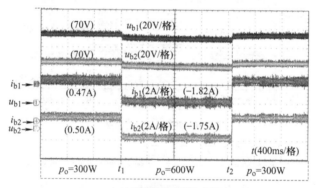

b) 蓄电池端电压和电流

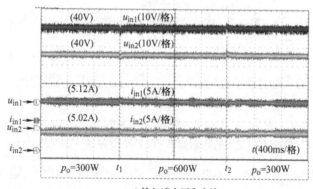

c) 输入端电压和电流

图 8-9　三端并联式 TPC 系统在 DI 和 DO 状态之间切换时实验波形

上述实验结果表明，采用蓄电池端和输出端同时均流的功率控制策略，图8-5 TPC并联系统可以在不同工作模式中稳定运行，输入端也自动实现均流控制，且三个端口电流均流效果良好。当系统输入功率或输出功率变化时，系统能够实现在不同工作状态之间自由平滑切换。

# 8.3　源端分布式模块化 TPC 系统功率控制

仍以两个TPC模块构成的源端分布式TPC系统为例分析，如图8-10所示，两个分布式输入源为PV阵列且相互独立，通过独立控制可以实现分布式MPPT；储能装置为蓄电池，在输入功率或输出功率变化时，通过蓄电池充电或放电来维持整个系统的功率平衡。

对于每个TPC模块，当忽略损耗时其三个端口之间的功率时刻保持平衡，即有

$$\begin{cases} p_{in1} = p_{b1} + p_{o1} \\ p_{in2} = p_{b2} + p_{o2} \end{cases} \tag{8-5}$$

其中，$p_{in1}$（$p_{in2}$）、$p_{b1}$（$p_{b2}$）和$p_{o1}$（$p_{o2}$）分别为1#（2#）TPC模块的输入端、蓄电池端和输出端功率。

图8-10所示源端分布式 MTPC 系统中，两个光伏阵列 $PV_1$、$PV_2$ 相互独立，此时系统总的输入功率为两个输入源功率之和。记 $p_b$、$p_o$ 分别为系统蓄电池和输出功率，则有

$$p_{in1} + p_{in2} = p_b + p_o \tag{8-6}$$

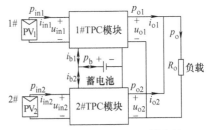

图 8-10　基于两个 TPC 模块的源端分布式 TPC 系统

根据系统总的输入功率和输出功率之间的关系，图8-10所示源端分布式TPC系统也如下三种工作模式：①单入单出模式：当 $p_{in1} = p_{in2} = 0$ 时，负载功率仅由蓄电池放电提供；②双输入模式：当 $p_{in1} + p_{in2} < p_o$ 时，两个输入源和蓄电池同时向负载供电；③双输出模式：当 $p_{in1} + p_{in2} > p_o$ 时，首先保证负载供电，多余能量向蓄电池充电。

## 8.3.1　功率控制方法

### 8.3.1.1　控制需求分析

图8-10所示源端分布式 MTPC 系统的功率流示意图如图8-11所示。由于两个TPC模块的输入端相互独立，各输入端需要独立控制、分别实现输入源MPPT。两个TPC模块的输出端并联连接共同向负载供电，实际系统中应首先保证负载端电压受控，然后再确定如何在两个TPC模块间分配输出功率。对于蓄电池端，为了避免在同一时刻两个模块同时分别对蓄电池进行充电和放电而造成能量损失，应首

先保证各模块对蓄电池同时充电或放电，然后再确定两个模块如何分担蓄电池的充放电功率。

为了实现源端分布式 MTPC 系统稳定运行，需要采用合适的控制策略来分配系统中各条路径的功率，保证系统中所有路径上所传输的功率是确定可控的。同时，考虑到模块内部发热情况，应尽可能地实现各模块应力平衡和获得较高的系统整体效率。

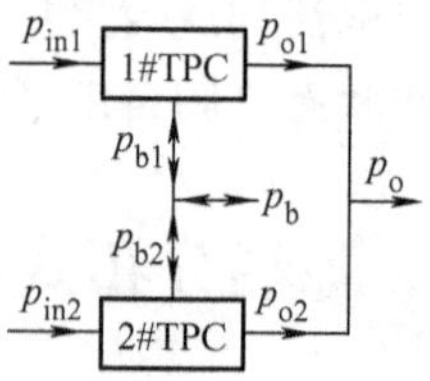

图 8-11　源端分布式 MTPC 系统功率流示意图

基于上述系统工作状态及控制需求考虑，对于图 8-11 所示源端分布式 TPC 系统，可以采用均流控制或按照输入功率分配输出端功率等控制方式。由于系统中蓄电池端和输出端均并联连接，因此均流控制又分为输出端均流和蓄电池端均流两种。

1. 输出端均流控制

采用输出端均流控制时，两个 TPC 模块以相同的输出功率向负载供电，对应系统功率流示意图如图 8-12a 所示，其中各条功率路径的功率关系满足

$$\begin{cases} p_{o1} = p_{o2} = \dfrac{p_o}{2} \\[2mm] p_{b1} = p_{in1} - \dfrac{p_o}{2} \\[2mm] p_{b2} = p_{in2} - \dfrac{p_o}{2} \end{cases} \qquad (8\text{-}7)$$

输出端实现均流时，可以保证两个 TPC 模块输出侧电路中电流应力是均衡的。由式(8-7) 可知，$p_{in1}$、$p_{in2}$ 和 $p_o$ 三者的大小决定着两个模块蓄电池端的电流方向。若 $p_{in1}$ 和 $p_{in2}$ 同时大于或同时小于 $p_o/2$，则两个模块蓄电池端同时处于充电或放电状态；若 $p_{in1}$、$p_{in2}$ 和 $p_o/2$ 之间满足

$$p_{in1} < \frac{p_o}{2} \qquad p_{in2} > \frac{p_o}{2} \qquad (8\text{-}8)$$

由式(8-7) 和式(8-8) 可得两个模块蓄电池端的功率为

$$\begin{cases} p_{b1} = p_{in1} - \dfrac{p_o}{2} < 0 \\[2mm] p_{b2} = p_{in2} - \dfrac{p_o}{2} > 0 \end{cases} \qquad (8\text{-}9)$$

这表明，在式(8-8) 所示功率条件下两个 TPC 模块蓄电池端的电流方向不一致，对应系统功率流示意图如图 8-12b 所示，即输入功率较小的 1#模块蓄电池端放电而输入功率较大的 2#模块蓄电池端充电，从而会造成能量损失、降低系统的整体变换效率。

2. 蓄电池端均流控制

采用蓄电池端均流控制时，各 TPC 模块以相同的功率同时对蓄电池进行充电或

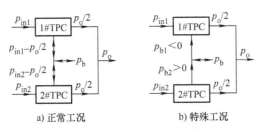

a) 正常工况　　　　　b) 特殊工况

图 8-12　源端分布式 MTPC 系统在输出端均流控制方式下功率流示意图

放电，对应系统功率流示意图如图 8-13a 所示，其中各条功率路径的功率关系满足

$$\begin{cases} p_{b1} = p_{b2} = \dfrac{p_b}{2} \\[2mm] p_{o1} = p_{in1} - \dfrac{p_b}{2} \\[2mm] p_{o2} = p_{in2} - \dfrac{p_b}{2} \end{cases} \tag{8-10}$$

蓄电池端实现均流时，可以保证两个模块蓄电池端的电流方向始终一致，即蓄电池端不会出现环流。由式(8-10)可知，$p_{in1}$、$p_{in2}$ 和 $p_b/2$ 三者的大小关系决定着两个模块输出端的功率大小。若蓄电池处于放电状态，即 $p_b < 0$，此时无论 $p_{in1}$ 和 $p_{in2}$ 大小如何，均可以实现蓄电池端均流控制；若蓄电池处于充电状态，当 $p_{in1}$ 和 $p_{in2}$ 均大于 $p_b/2$ 时，$p_{o1}$ 和 $p_{o2}$ 均大于 0，此时可以实现蓄电池端均流控制；当 $p_{in1}$、$p_{in2}$ 和 $p_b/2$ 满足如下关系时

$$\begin{cases} p_{in1} < \dfrac{p_b}{2} \\[2mm] p_{in2} > \dfrac{p_b}{2} \end{cases} \Rightarrow p_{in2} - p_{in1} > p_o \tag{8-11}$$

由式(8-10)和式(8-11)可以得到此时两个模块输出端的功率为

$$p_{o1} < 0 \qquad p_{o2} > 0 \tag{8-12}$$

这表明，此时即使 1#模块不提供输出功率，其输入功率全部用来给蓄电池充电，也仍无法实现蓄电池端的均流控制，系统功率流示意图如图 8-13b 所示。

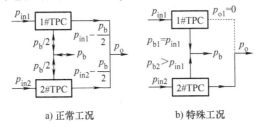

a) 正常工况　　　　　b) 特殊工况

图 8-13　源端分布式 MTPC 系统在蓄电池端均流控制方式下功率流示意图

### 3. 按输入功率分配输出功率

图 8-10 所示源端分布式 TPC 系统中，各 TPC 输入端是相互独立，其输入源功率存在差异，因此可以将各模块的输出端功率按其输入端功率大小比例进行分配，即输入端功率较大的模块需要提供较多的输出功率，反之亦然。另外，当各模块输出端功率按照输入端功率大小比例分配时，根据能量守恒，其蓄电池端的功率也是按照相应的比例分配，对应系统功率流示意图如图 8-14 所示，$k$ 为模块中输出端功率与输入端功率之比，系统各条功率路径的功率关系满足

$$\begin{cases} p_{o1} = k \cdot p_{in1} & p_{b1} = (1-k)p_{in1} \\ p_{o2} = k \cdot p_{in2} & p_{b2} = (1-k)p_{in2} \end{cases} \tag{8-13}$$

采用按输入功率分配输出功率的控制方式，可以保证各 TPC 模块蓄电池端的电流方向一致。然而，在 SISO 工作状态下，两个 TPC 模块输入功率均为零，由式(8-13) 可得系统中其余各个端口功率均为零，此时无法实现系统功率分配。另外，当蓄电池处于放电状态时，若两个模块的输入功率相差较大，则输入功率较大的模块其蓄电池端放电功率也较大，将可能导致该模块输出端功率超出其额定输出功率。

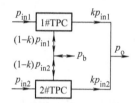

图 8-14　源端分布式 MTPC 系统在按输入功率分配控制方式下功率流示意图

由上述分析可知，所述几种功率控制方法均可以适用于某些工况，但任何单一的控制方法均不能满足所有工况下功率分配需求。

#### 8.3.1.2　混合控制方法

综合考虑上述几种功率分配方案的适用情形和具体工况，提出一种混合型功率分配控制策略：当蓄电池处于放电状态时，采用蓄电池端均流控制；当蓄电池处于充电状态时，按照输入端功率分配输出端功率（蓄电池端功率）。

#### 1. 蓄电池放电状态——蓄电池端均流

当蓄电池处于放电状态时，对蓄电池端采取均流措施，两个 TPC 模块以相同功率对蓄电池放电，加上各自输入端功率后其输出端功率也是确定的，所以此时整个系统功率是可控的。

源端分布式 MTPC 系统采用蓄电池端均流控制方式的实现框图如图 8-15 所示，同时为了避免单个模块输出功率过载，还加入了输出电流保护控制。其中 $u_{ib1}$、$u_{ib2}$ 分别为两模块蓄电池端电流采样，$u_{ib\_bus}$ 为蓄电池端均流母线电压，且 $u_{ib\_bus}$ 为 $u_{ib1}$ 和 $u_{ib2}$ 的平均值。$u_{BCSR1}$ 和 $u_{BCSR2}$ 分别为两个模块蓄电池端均流调节器 BCSR 的输出电压，$u_{oref}$ 为输出端电压基准，$u'_{oref1}$ 和 $u'_{oref2}$ 分别为两个模块经过校正后的输出端电压基准。$u_{io1}$、$u_{io2}$ 分别为两模块输出端电流采样，$i_{omax}$ 为模块额定输出电流，$u_{OCPR1}$ 和 $u_{OCPR2}$ 分别为两个模块输出端电流保护调节器 (Output Current Protection

Regulator，OCPR）的输出电压。

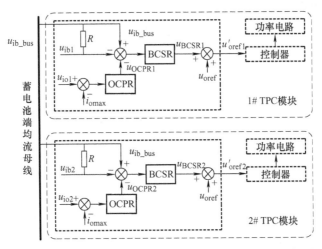

图 8-15 源端分布式 MTPC 系统蓄电池端均流控制实现框图

图 8-15 所示控制策略的工作原理为：各模块的蓄电池端电流分别与均流母线电压比较，经过 BCSR 调节得到均流误差信号，该均流误差信号对其实际输出电压基准进行修正，通过调节输出端电压/功率来改变蓄电池端的功率/电流，从而实现蓄电池端的均流控制。同时，OCPR 的输出电压与蓄电池电流采样叠加后进入 BC-SR，通过限制蓄电池端的放电电流来实现输出电流保护。记 $G_{BCSR}$ 为 BCSR 的传递函数，根据上述调节过程，各模块输出端实际电压基准表示为

$$u'_{orefj} = u_{oref} + G_{BCSR}(u_{ib\_bus} - u_{ibj} - u_{OCPRj}) \quad (j=1,2) \quad (8\text{-}14)$$

以 1#TPC 模块为例，给出上述均流控制策略的具体工作过程：在不考虑输出过电流保护的情况下，若 $u_{ib1} = u_{ib\_bus}$，表明这时两个并联 TPC 模块已经实现了蓄电池端均流；当其蓄电池端电流 $i_{b1}$ 增大时，$u_{ib1}$ 增加，经 BCSR 调节后其均流误差信号 $u_{BCSR1}$ 减小，使得输出端实际的电压基准 $u'_{oref1}$ 减小，而输出电压基准降低会引起输出端功率减小，在输入端功率一定时蓄电池端所需的放电电流减小，从而实现模块间蓄电池端均流控制。

考虑输出电流保护时，若模块输出电流小于 $i_{omax}$，其 OCPR 的输出为零，此时 OCPR 对上述均流过程无影响；当该模块输出电流大于 $i_{omax}$ 时，其 OCPR 的输出为正且与电流差值成比例，记 $G_{BCSR}$ 为 OCPR 的增益，则各模块 OCPR 的输出电压可以表示为

$$u_{OCPRj} = \begin{cases} 0 & u_{ioj} \leqslant i_{omax} \\ G_{OCPR}(u_{ioj} - i_{omax}) & u_{ioj} > i_{omax} \end{cases} \quad (j=1,2) \quad (8\text{-}15)$$

各模块 OCPR 的输出电压与蓄电池电流采样叠加后进入 BCSR，使得该模块实际的蓄电池放电电流减小，从而减小其输出功率实现输出过电流保护。

**2. 蓄电池充电状态——按输入功率分配输出端（蓄电池端）功率**

当各模块输出端功率按照输入功率大小比例分配时，根据能量守恒，其蓄电池端的功率也是按照相同的比例分配，即有

$$\frac{P_{o1}}{P_{o2}} = \frac{P_{in1}}{P_{in2}} = \frac{P_{in1} - P_{o1}}{P_{in2} - P_{o2}} = \frac{P_{b1}}{P_{b2}} \tag{8-16}$$

若能通过控制实现 $P_{o1}/P_{in1} = P_{o2}/P_{in2}$ 或 $P_{b1}/P_{in1} = P_{b2}/P_{in2}$，使得所有模块中输出端功率（或蓄电池端功率）与其输入端功率之比相等，则式(8-16) 中关系就可以满足。

源端分布式 MTPC 系统按照输入功率分配输出端功率的控制框图如图 8-16 所示，其中 $u_{uin1}(u_{uin2})$、$u_{iin1}(u_{iin2})$、$u_{io1}(u_{io2})$ 分别为两模块的输入端电压、输入端电流和输出端电流的采样值，$p_{ins1}$ 和 $p_{ins2}$ 分别为两个模块输入功率的计算值。$u_{io1}^*$ 和 $u_{io2}^*$ 分别为两模块输出端电流标幺值，$u_{io\_bus}^*$ 为输出端标幺均流母线电压，且 $u_{io\_bus}^*$ 为 $u_{io1}^*$ 和 $u_{io2}^*$ 的平均值。$u_{NOCSR1}$ 和 $u_{NOCSR2}$ 分别为两个模块输出端标幺电流均流调节器（Normalized Output Current Sharing Regulator，NOCSR）的输出电压。

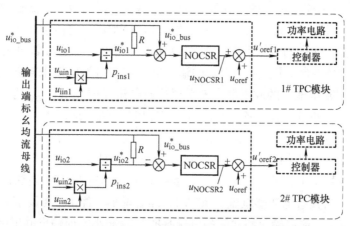

图 8-16　源端分布式 MTPC 系统按输入功率分配输出功率控制框图

图 8-16 所示控制策略的具体工作过程如下：首先，采用各模块输入端功率对其输出电流进行标幺化，得到各模块输出电流标幺值 $u_{io1}^*$ 和 $u_{io2}^*$，表示为

$$\begin{cases} u_{io1}^* = \dfrac{u_{io1}}{p_{ins1}} = \dfrac{u_{io1}}{u_{uin1}u_{iin1}} \\[3mm] u_{io2}^* = \dfrac{u_{io2}}{p_{ins2}} = \dfrac{u_{io2}}{u_{uin2}u_{iin2}} \end{cases} \tag{8-17}$$

然后，采用类似均流控制的电路结构，通过输出端标幺电流均流调节器（NOCSR）对各模块实际的输出电压基准进行修正，记 $G_{NOCSR}$ 为 NOCSR 的传递函数，根据图 8-16 中调节过程，各模块输出端实际电压基准表示为

$$\begin{cases} u'_{\text{oref1}} = u_{\text{oref}} + G_{\text{NOCSR}}(u^*_{\text{io\_bus}} - u^*_{\text{io1}}) \\ u'_{\text{oref2}} = u_{\text{oref}} + G_{\text{NOCSR}}(u^*_{\text{io\_bus}} - u^*_{\text{io2}}) \end{cases} \tag{8-18}$$

最后，根据式(8-18)中修正后的电压基准，通过调节模块输出端电压来实现输出端标幺电流的均衡控制，具体调节工作过程与上述"蓄电池端均流控制"类似，在此不再赘述。采用图 8-16 所示控制策略，可以实现各模块输出电流标幺值的均衡控制（$u^*_{\text{io1}} = u^*_{\text{io2}}$），即可实现输出端电流/功率按照输入功率的大小比例进行分配。

以两个 FB-TPC 构建源端分布式 MTPC 系统。结合上述图 8-15、图 8-16 中两种情形下的系统功率控制方案以及第 6 章中单个 FB-TPC 模块的功率控制方法，给出基于两个 FB-TPC 模块的源端分布式 MTPC 系统整体控制实现框图，如图 8-17 所示。

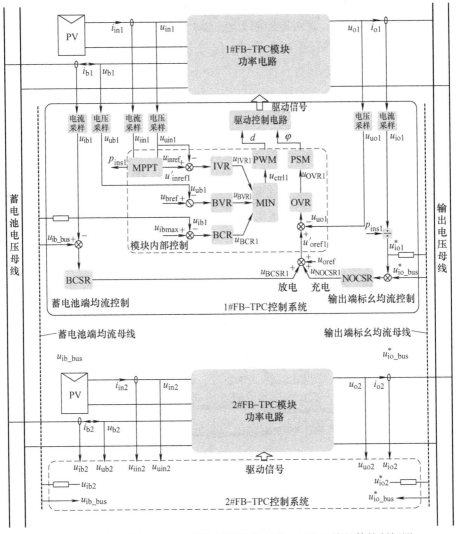

图 8-17　基于两个 FB-TPC 模块的源端分布式 MTPC 系统整体控制框图

图 8-17 中，每个 FB-TPC 模块的控制系统中包含模块内部控制、蓄电池端均流控制和输出端标幺均流控制等三个部分，模块之间存在两条均流母线：蓄电池端均流母线 $u_{\text{ib\_bus}}$ 和输出端标幺均流母线 $u^*_{\text{io\_bus}}$。系统实际工作时其控制策略将分为以下两种情形：

1）当蓄电池处于放电状态时，选择 BCSR 的输出与 $u_{\text{oref}}$ 叠加，通过调节模块输出电压实现蓄电池端均流控制，此时蓄电池端均流控制部分与图 8-15 中一致。

2）当蓄电池处于充电状态时，选择 NOCSR 的输出与 $u_{\text{oref}}$ 叠加，通过调节模块输出电压实现输出端标幺电流均衡控制，此时输出端标幺均流控制部分与图 8-16 中一致。

当蓄电池充、放电状态发生变化时，系统在"蓄电池端均流控制"和"按输入功率分配输出端功率"等两种控制方法之间实现自由切换。采用上述混合型功率控制策略，可以保证系统中每条路径上的功率在所有工况下都能确定可控，并实现优化管理与分配。

### 8.3.2  实验结果与分析

搭建了由两个 FB-TPC 模块构成的源端分布式 TPC 系统并进行了实验测试。

保持输出功率 $p_o = 600\,\text{W}$ 不变，当输入功率变化时系统在 SISO 和 DI 两种工作状态之间切换时的实验波形如图 8-18 所示，图 8-18a 中由上而下依次为 $u_o$、$i_{\text{in}}$、$i_{\text{o1}}$ 和 $i_{\text{o2}}$，图 8-18b 中由上而下依次为 $u_o$、$i_o$、$i_{\text{b1}}$ 和 $i_{\text{b2}}$。

由图中波形可知，当输入功率为零时，输出功率仅由蓄电池功率提供；在 $t_1$ 时刻，$p_{\text{in1}}$ 由 0 W 突加至 200 W，$p_{\text{in2}}$ 由 0 W 突加至 100 W，由于输出功率不变，蓄电池放电电流减小；在 $t_2$ 时刻，$p_{\text{in1}}$ 和 $p_{\text{in2}}$ 均变为零，蓄电池放电电流增加。当总的输入功率在 0 W 和 300 W 之间变化时，系统在 SISO 状态和 DI 状态之间切换。由于这两种状态下蓄电池均放电，系统均处于"蓄电池端均流控制"模式。

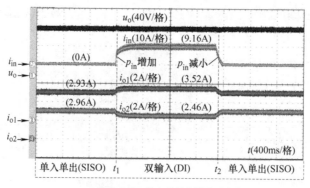

a) 输出电压、输入电流和输出端电流

图 8-18  源端分布式 MTPC 系统在 SISO 与 DI 状态之间切换实验波形

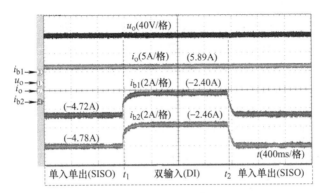

b) 输出电压、输出电流和蓄电池端电流

图 8-18　源端分布式 MTPC 系统在 SISO 与 DI 状态之间切换实验波形（续）

图 8-19 给出输出功率突变时系统在 DI 与 DO 状态之间切换的实验波形，此时保持输入功率不变（$p_{\mathrm{in1}} = 300\mathrm{W}$、$p_{\mathrm{in2}} = 150\mathrm{W}$），图 8-19a 中由上而下依次为 $u_{\mathrm{o}}$、$i_{\mathrm{o}}$、$i_{\mathrm{b1}}$ 和 $i_{\mathrm{b2}}$，8-19b 中由上而下依次为 $u_{\mathrm{o}}$、$i_{\mathrm{b}}$、$i_{\mathrm{o1}}$ 和 $i_{\mathrm{o2}}$。由图可知，当 $p_{\mathrm{o}} = 300\mathrm{W}$

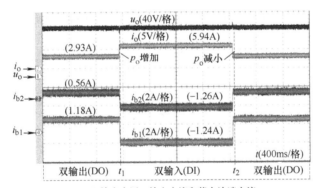

a) 输出电压、输出电流和蓄电池端电流

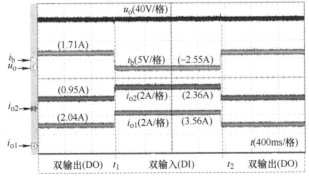

b) 输出电压、蓄电池电流和输出端电流

图 8-19　源端分布式 MTPC 系统在输出功率突变时 DI 与 DO 状态之间切换实验波形

时，输出功率小于总的输入功率，蓄电池充电、系统处于 DO 状态，此时按照输入功率比例分配输出功率，有 $i_{o1} = 2i_{o2}$、$i_{b1} \approx 2i_{b2}$；在 $t_1$ 时刻，$p_o$ 由 300W 突加至 600W，输出功率大于总的输入功率，蓄电池放电、系统处于 DI 状态，此时采用蓄电池端均流控制，因此有 $i_{b1} = i_{b2}$；在 $t_2$ 时刻，$p_o$ 由 600W 突卸至 300W，系统又返回到 DO 状态。由上述过程可知，当输出功率变化时，系统在"按输入功率比例分配输出功率"和"蓄电池端均流控制"两种控制模式之间自由切换。

图 8-20 给出输入功率突变时系统在 DI 和 DO 状态之间切换的实验波形，此时保持输出功率 600W 不变，图 8-20a 中由上而下依次为 $u_o$、$i_{in}$、$i_{o1}$ 和 $i_{o2}$，图 8-20b 中由上而下依次为 $u_o$、$i_o$、$i_{b1}$ 和 $i_{b2}$。$t_1$ 时刻之前，$p_{in1} = 300W$、$p_{in2} = 150W$，此时蓄电池放电、系统处于 DI 状态，此时采用蓄电池端均流控制，有 $i_{b1} \approx i_{b2}$；在 $t_1$ 时刻，$p_{in1}$ 由 300W 突加至 500W，$p_{in2}$ 由 150W 突加至 250W，蓄电池充电、系统处于 DO 状态，此时按输入功率比例分配输出端功率，有 $i_{o1} = 2i_{o2}$、$i_{b1} \approx 2i_{b2}$；当输入功率变化时，系统实现了"蓄电池端均放电电流"和"按输入功率比例分配输出功率"两种控制方法之间平滑切换。

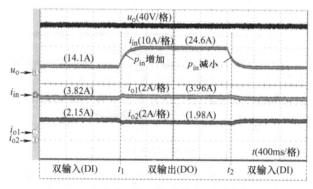

a) 输出电压、输入电流和输出端电流

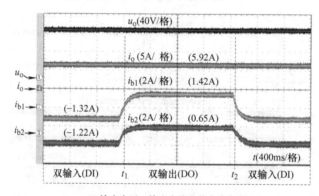

b) 输出电压、输出电流和蓄电池端电流

图 8-20　源端分布式 MTPC 系统在输入功率突变时 DI 与 DO 状态之间切换实验波形

上述实验结果表明，采用所提出的混合型功率控制策略，源端分布式 TPC 系统可以在 SISO、DI、DO 等不同工作状态中稳定运行，可以保证系统中各条路径上功率分配都是确定的；当输入功率或输出功率发生变化时，系统能够实现在各工作状态之间自由切换，且系统功率控制方式随着工作状态的变化而平滑过渡。实验结果验证了所提出的源端分布式 MTPC 系统架构及其混合型功率控制策略的有效性。

## 8.4　负载端分布式 TPC 系统功率控制

以两个 TPC 模块构成的负载端分布式 TPC 系统为例，如图 8-21 所示，其中，系统的输入端为 PV 阵列、储能装置为蓄电池，两个模块的输出端相互独立并分别连接负载 $R_{o1}$ 和 $R_{o2}$。

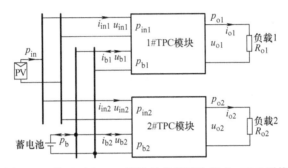

图 8-21　基于两个 TPC 模块的负载端分布式 MTPC 系统

对于每个 TPC 模块，当忽略损耗时其三个端口之间功率时刻保持平衡，记 $p_{in1}(p_{in2})$、$p_{b1}(p_{b2})$ 和 $p_{o1}(p_{o2})$ 分别为 1#(2#)TPC 模块的输入端、蓄电池端和输出功率，则有

$$\begin{cases} p_{in1} = p_{b1} + p_{o1} \\ p_{in2} = p_{b2} + p_{o2} \end{cases} \tag{8-19}$$

图 8-21 所示负载端分布式 MTPC 系统中，两个模块的输出负载相互独立，此时系统总的输出功率为两个输出端功率之和。记 $p_{in}$、$p_b$ 分别为系统总的输入功率和蓄电池功率，则有

$$p_{in} - p_b = p_{o1} + p_{o2} \tag{8-20}$$

根据系统总的输入功率和输出功率之间的关系，图 8-21 所示负载端分布式 MTPC 系统可以有如下三种工作模式：①单入单出（SISO）模式：当 $p_{in} = 0$ 时，输出端负载功率 $p_{o1}$、$p_{o2}$ 均由蓄电池功率 $p_b$ 提供；②双输入（DI）模式：当 $p_{in} < p_{o1} + p_{o2}$ 时，输入源和蓄电池同时向两个负载供电；③双输出（DO）模式：当 $p_{in} > p_{o1} + p_{o2}$ 时，首先保证两个负载的稳定供电，多余的能量向蓄电池充电。

### 8.4.1 功率控制方法

#### 8.4.1.1 控制需求分析

在 SISO 状态下，各 TPC 模块中仅通过"蓄电池——输出"这一条路径进行功率传输，即此时系统中每条功率路径的功率分配是确定且唯一的；而在 DI 和 DO 状态下，虽然输入端和蓄电池端总的功率一定，但每个端口均分别连接两条并联支路，对于这两条并联支路的功率大小分配可以有多种不同的组合。

根据式(8-19) 和式(8-20) 所表达的各端口功率关系，图 8-21 所示负载端分布式 MTPC 系统功率流向示意图如图 8-22 所示。

在功率控制方面，由于两个 TPC 的输出端分别为各自负载供电，其输出功率各不相同，需保证两个输出负载端的电压/功率时刻独立受控。而对于输入端和蓄电池端，与上述 TPC 并联系统中类似，输入端实现 MPPT 控制以充分利用输入能源，蓄电池端实现合理的充放电控制使其保持在最优的剩余容量范围内。所不同的是，由于两个模块的输出端相互独立，在分

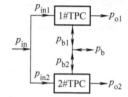

图 8-22 负载端分布式 MTPC 系统功率流向示意图

配输入端和蓄电池端功率时，应充分考虑输出端功率差异对分配比例的影响。

因此，为了实现整个系统稳定运行，需要采用合适的控制策略来分配系统中各条路径的功率，保证系统中所有路径上所传输的功率是确定可控的。同时，考虑到模块内部发热情况，应尽可能地实现各模块应力平衡和获得较高的系统整体效率。

基于上述系统工作状态及控制需求分析，对于图 8-21 所示负载端分布式 MTPC 系统，可以采用均流控制和按输出负载需求分配输入端功率等控制方式。由于系统输入端和蓄电池端均并联连接，因此均流控制又分为输入端均流和蓄电池端均流等两种。

1. 输入端均流控制

采用输入端均流控制时，两个模块从 PV 输入源获得相同的输入功率向负载或蓄电池供电，对应系统功率流示意图如图 8-23a 所示，其中各条功率路径的功率关系满足

$$\begin{cases} p_{in1} = p_{in2} = \dfrac{p_{in}}{2} \\[2mm] p_{b1} = \dfrac{p_{in}}{2} - p_{o1} \\[2mm] p_{b2} = \dfrac{p_{in}}{2} - p_{o2} \end{cases} \tag{8-21}$$

当输入端实现均流时，在任意时刻两个模块的输入功率相等，同时各自输出端的功率固定，因此两个蓄电池端的功率也是确定的，可以实现系统的功率控制。由

式(8-21)可知，$p_{o1}$、$p_{o2}$ 和 $p_{in}$ 三者的大小决定着两个模块蓄电池端的电流方向，当两个模块的输出功率与输入功率满足一定关系时，可能会导致其蓄电池端的电流方向不一致。若 $p_{o1}$ 和 $p_{o2}$ 同时小于或同时大于 $p_{in}/2$，则两个模块蓄电池端同时处于充电或放电状态，蓄电池端电流方向一致；若 $p_{in1}$、$p_{in2}$ 和 $p_o/2$ 之间满足如下关系

$$p_{o1} < \frac{p_{in}}{2} \qquad p_{o2} > \frac{p_{in}}{2} \tag{8-22}$$

由式(8-21)和式(8-22)可得两个模块蓄电池端的功率为

$$\begin{cases} p_{b1} = \dfrac{p_{in}}{2} - p_{o1} > 0 \\[3mm] p_{b2} = \dfrac{p_{in}}{2} - p_{o2} < 0 \end{cases} \tag{8-23}$$

这表明，在式(8-22)功率条件下，两个 TPC 模块在蓄电池端的电流方向不一致，对应系统功率流示意图如图 8-23b 所示，即输出功率较小的 1#模块蓄电池端充电而输出功率较大的 2#模块蓄电池端放电，从而会造成能量损失、降低系统的整体变换效率。

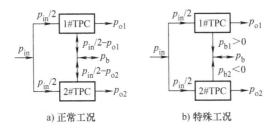

图 8-23　负载端分布式 MTPC 系统在输入端均流控制方式下功率流示意图

2. 蓄电池端均流控制

在蓄电池端均流控制方式下，蓄电池通过各模块以相同的功率同时进行充电或放电，对应系统功率流示意图如图 8-24a 所示，其中各条功率路径的功率关系满足

$$\begin{cases} p_{b1} = p_{b2} = \dfrac{p_b}{2} \\[3mm] p_{in1} = \dfrac{p_b}{2} + p_{o1} \\[3mm] p_{in2} = \dfrac{p_b}{2} + p_{o2} \end{cases} \tag{8-24}$$

当蓄电池端实现均流时，可以保证两个 TPC 模块蓄电池端的电流方向始终一致，即蓄电池端不会出现环流。

由式(8-24)可知，$p_{o1}$、$p_{o2}$ 和 $p_b/2$ 三者的大小关系决定着两个模块输入端的

功率大小和方向。若蓄电池处于充电状态，即 $p_b > 0$，此时无论 $p_{o1}$ 和 $p_{o2}$ 大小关系如何，均可以正常实现输入端均流控制；当蓄电池处于放电状态时，若 $p_{o1}$ 和 $p_{o2}$ 不同时大于 $|p_b/2|$，将会引起输入端功率方向不一致。具体而言，若两个模块的输出功率与蓄电池放电功率之间满足关系

$$p_{o1} < -\frac{p_b}{2} \qquad p_{o2} > -\frac{p_b}{2} \tag{8-25}$$

由式（8-24）和式（8-25）可得两个模块输入端的功率

$$\begin{cases} p_{in1} = \dfrac{p_b}{2} + p_{o1} < 0 \\[2mm] p_{in2} = \dfrac{p_b}{2} + p_{o2} > 0 \end{cases} \tag{8-26}$$

这表明，此时即使 1#模块不提供输入功率，蓄电池端的放电功率也大于其输出端功率，将会使得 1#模块中一部分蓄电池放电功率通过输入端母线再经 2#模块变换至 2#输出负载，从而存在多级功率变换、影响系统的整体效率，对应系统功率流示意图如图 8-24b 所示。

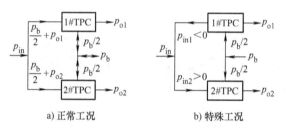

a) 正常工况          b) 特殊工况

图 8-24　负载端分布式 MTPC 系统在蓄电池端均流控制方式下功率流示意图

### 3. 按输出负载需求分配输入功率

图 8-24 所示负载端分布式 MTPC 系统中，各 TPC 的输出端是相互独立的，其负载功率需求存在差异，可以将各模块输入端/蓄电池端功率按其输出功率大小比例进行分配，即输出功率较大的模块其输入端和蓄电池端所需提供功率也较大，反之亦然。当各模块输入端功率按照输出功率大小比例分配时，根据能量守恒，其蓄电池端的功率也是按照相应的比例分配，对应功率流向图如图 8-25 所示，各功率路径的功率满足

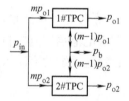

图 8-25　负载端分布式 MTPC 系统在按输出功率分配控制方式下功率流示意图

$$\begin{cases} p_{in1} = mp_{o1} & p_{b1} = (m-1)p_{o1} \\[2mm] p_{in2} = mp_{o2} & p_{b2} = (m-1)p_{o2} \end{cases} \tag{8-27}$$

其中，$m$ 为各 TPC 模块中输入端功率与输出端功率之比。

上述按照输出功率分配输入功率的控制策略适用于蓄电池放电工作状态，其中在单入单出状态下有 $m=0$，在双输入状态下有 $0<m<1$。但在蓄电池充电状态下，当输出功率相差较大时，输出功率较小的模块其承担的充电电流也较小，因此会出现模块间电流应力悬殊，从而不利于提高系统的整体效率。

综合以上分析，所述几种功率控制方法均可以适用于某些工况，但任何单一的控制方法均不能实现所有工况下的功率优化控制与分配。

### 8.4.1.2  混合控制方法

综合考虑上述几种功率分配方案的适用情形和限制工况，提出一种混合型功率分配控制策略：当蓄电池处于充电状态时，采用蓄电池端均流控制；当蓄电池处于放电状态时，按照各自输出功率分配输入端功率（或蓄电池端功率）。

#### 1. 蓄电池充电状态——蓄电池端均流

当系统处于蓄电池充电状态时，对蓄电池端采取均流措施，两个 TPC 模块以相同功率同时对蓄电池进行充电，加上各自输出端功率后其输入端的功率也是确定的，所以此时整个系统中各功率路径是可控的。

负载端分布式 MTPC 系统蓄电池端均流控制实现框图如图 8-26 所示，其中 $u_{ib1}$、$u_{ib2}$ 分别为两模块蓄电池端电流采样，$u_{ib\_bus}$ 为蓄电池端均流母线电压，且 $u_{ib\_bus}$ 为 $u_{ib1}$ 和 $u_{ib2}$ 的平均值。$u_{BCSR1}$ 和 $u_{BCSR2}$ 分别为两个模块蓄电池端均流调节器 BCSR 的输出电压，$u_{inref}$ 为输入端电压基准，$u'_{inref1}$ 和 $u'_{inref2}$ 分别为两个模块经过校正后的输入端电压基准。

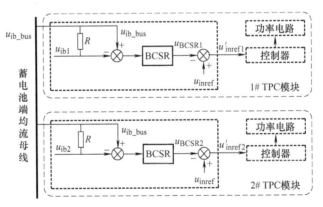

图 8-26  负载端分布式 MTPC 系统蓄电池端均流控制实现框图

图 8-26 所示控制策略的工作原理为：各模块的蓄电池端电流分别与均流母线电压比较，经过 BCSR 调节得到均流误差信号，该均流误差信号对其实际输入端电压基准进行修正，通过调节输入端电压/功率来改变蓄电池端的功率/电流，从而实现蓄电池端的均流控制。BCSR 的传递函数为 $G_{BCSR}$，根据上述调节过程，各模块输出端实际电压基准表示为

$$\begin{cases} u'_{\text{inref1}} = u_{\text{inref}} - G_{\text{BCSR}}\left(u_{\text{ib\_bus}} - u_{\text{ib1}}\right) \\ u'_{\text{inref2}} = u_{\text{inref}} - G_{\text{BCSR}}\left(u_{\text{ib\_bus}} - u_{\text{ib2}}\right) \end{cases} \qquad (8\text{-}28)$$

以 1#模块为例，给出上述均流控制策略的具体工作过程：若 $u_{\text{ib1}} = u_{\text{ib\_bus}}$，表明这时两个并联 TPC 模块已经实现了蓄电池端均流；当其蓄电池端电流 $i_{\text{b1}}$ 增大时，$u_{\text{ib1}}$ 增加，经 BCSR 调节后其均流误差信号 $u_{\text{BCSR1}}$ 减小，使得输入端实际的电压基准 $u'_{\text{inref1}}$ 减小，而输入电压基准降低会引起输入端功率减小，在输出端功率一定时蓄电池端的充电电流减小，从而实现模块间蓄电池端均流控制。

**2. 蓄电池放电状态——按照输出功率分配输入端（蓄电池端）功率**

当各模块输入端功率按照输出功率大小比例分配时，根据能量守恒，其蓄电池端的功率也是按照相同的比例分配，即有

$$\frac{P_{\text{in1}}}{P_{\text{in2}}} = \frac{P_{\text{o1}}}{P_{\text{o2}}} = \frac{P_{\text{in1}} - P_{\text{o1}}}{P_{\text{in2}} - P_{\text{o2}}} = \frac{P_{\text{b1}}}{P_{\text{b2}}} \qquad (8\text{-}29)$$

若能通过控制实现 $P_{\text{in1}}/P_{\text{o1}} = P_{\text{in2}}/P_{\text{o2}}$ 或 $P_{\text{b1}}/P_{\text{o1}} = P_{\text{b2}}/P_{\text{o2}}$，使得所有模块中输入端功率（或蓄电池端功率）与其输出端功率之比相等，则式(8-29) 中关系就可以满足。

负载端分布式 MTPC 系统蓄电池端功率按输出端功率分配的控制框图如图 8-27 所示，其中 $u_{\text{ib1}}(u_{\text{ib2}})$、$u_{\text{uo1}}(u_{\text{uo2}})$、$u_{\text{io1}}(u_{\text{io2}})$ 分别为两模块的蓄电池端电流、输出端电压和输出端电流的采样值，$p_{\text{os1}}$ 和 $p_{\text{os2}}$ 分别为两个模块输出功率的计算值。$u^*_{\text{ib1}}$ 和 $u^*_{\text{ib2}}$ 分别为两模块蓄电池端电流标幺值，$u^*_{\text{ib\_bus}}$ 为蓄电池端标幺均流母线电压，且 $u^*_{\text{ib\_bus}}$ 为 $u^*_{\text{ib1}}$ 和 $u^*_{\text{ib2}}$ 的平均值。$u_{\text{NBCSR1}}$ 和 $u_{\text{NBCSR2}}$ 分别为两模块蓄电池端标幺电流均流调节器（Normalized Battery Current Sharing Regulator，NBCSR）的输出电压。

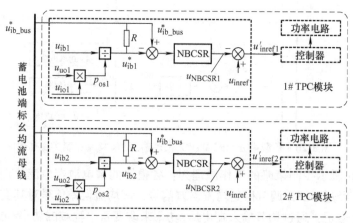

图 8-27　负载端分布式 MTPC 系统蓄电池端功率按输出功率分配的控制框图

图 8-27 所示具体控制策略的工作过程如下：首先，采用各模块输出端功率

对其蓄电池端电流进行标幺化,得到各模块蓄电池电流标幺值 $u_{ib1}^*$ 和 $u_{ib2}^*$,表示为

$$\begin{cases} u_{ib1}^* = \dfrac{u_{ib1}}{p_{os1}} = \dfrac{u_{ib1}}{u_{uo1} \cdot u_{io1}} \\[3mm] u_{ib2}^* = \dfrac{u_{ib2}}{p_{os2}} = \dfrac{u_{ib2}}{u_{uo2} \cdot u_{io2}} \end{cases} \qquad (8\text{-}30)$$

然后,采用类似均流控制的电路结构,通过蓄电池端标幺电流均流调节器(NBCSR)对各模块实际的输入电压基准进行修正,记 $G_{NBCSR}$ 为 NBCSR 的传递函数,根据图 8-27 中调节过程,各模块输入端实际电压基准表示为

$$\begin{cases} u_{inref1}' = u_{inref} - G_{NBCSR}(u_{ib\_bus}^* - u_{ib1}^*) \\[2mm] u_{inref2}' = u_{inref} - G_{NBCSR}(u_{ib\_bus}^* - u_{ib2}^*) \end{cases} \qquad (8\text{-}31)$$

最后,根据式(8-31)中修正后的电压基准,通过调节模块输入端电压来实现蓄电池端标幺电流的均衡控制,具体调节工作过程与上述图 8-26 所示"蓄电池端均流控制"类似,在此不再赘述。采用图 8-27 所示控制策略,可以实现各模块蓄电池端电流标幺值的均衡控制($u_{ib1}^* = u_{ib2}^*$),即可实现蓄电池端电流/功率按照输出功率的大小比例进行分配。

以两个 FB-TPC 作为基本 TPC 单元搭建图 8-21 所示负载端分布式 MTPC 系统。结合上述图 8-26、图 8-27 中两种情形下的系统功率控制方案以及第 6 章单个 FB-TPC 模块的功率控制方法,给出基于两个 FB-TPC 模块的负载端分布式 MTPC 系统功率控制综合实现框图,如图 8-28 所示。

图 8-28 中,每个 FB-TPC 模块的控制系统中包含模块内部控制、蓄电池端均流控制和蓄电池端标幺均流控制等三个部分,模块之间存在两条均流母线:蓄电池端均流母线 $u_{ib\_bus}$ 和蓄电池端标幺均流母线 $u_{ib\_bus}^*$。系统实际工作时其控制策略将分为以下两种情形:

1)当蓄电池处于充电状态时,选择 BCSR 的输出并根据模块一次侧端口控制模式的不同分别与 IVR 或 BVR 的电压基准叠加,实现蓄电池端均流控制,此时并联控制部分等效为图 8-26 所示控制策略。

2)当蓄电池处于放电状态时,选择 NBCSR 的输出与 IVR 的基准叠加,实现蓄电池端标幺电流均衡控制,即按照输出功率分配蓄电池端功率,此时并联控制部分与图 8-28 中一致。

当蓄电池充、放电状态发生变化时,系统在"蓄电池端均流控制"和"按照输出功率分配输入端功率"等两种控制方法之间实现自由切换。采用上述混合型功率控制策略,可以保证系统中每条路径上的功率在所有工况下都能确定可控,并实现优化管理与分配。

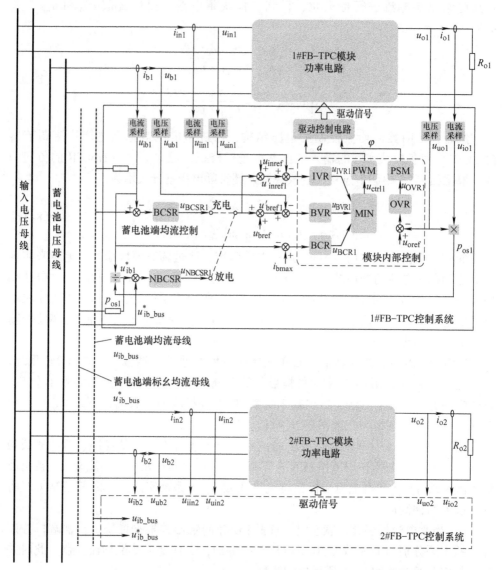

图 8-28　基于两个 FB-TPC 模块的负载端分布式 MTPC 系统整体控制框图

## 8.4.2　实验结果与分析

　　搭建了由两台 FB-TPC 模块组成的负载端分布式 TPC 系统并进行了实验测试。两个 TPC 模块的输入端和蓄电池端规格参数一致，两模块输出电压分别为 100V 和 42V。

　　保持两个模块的输出功率不变（$p_{o1} = 200W$、$p_{o2} = 110W$），当输入功率 $p_{in}$ 突变时，系统在 SISO 和 DI 状态之间切换的实验波形如图 8-29 所示，图 8-29a 波形由

上而下依次为 $u_{in}$、$u_b$、$i_{in1}$ 和 $i_{in2}$，图 8-29b 波形由上而下依次为 $u_{o1}$、$u_{o2}$、$i_{b1}$ 和 $i_{b2}$。在 $t_1$ 时刻之前，输入功率为零（$p_{in}=0W$），此时两个模块的输出功率仅由蓄电池放电功率提供；在 $t_1$ 时刻，$p_{in}$ 由 0W 突变至 200W，系统处于 DI 工作状态，由于输出功率保持不变，蓄电池放电电流减小，如图 8-29b 所示；在 $t_2$ 时刻，$p_{in}$ 由 200W 突变回至 0W，蓄电池放电电流增加。

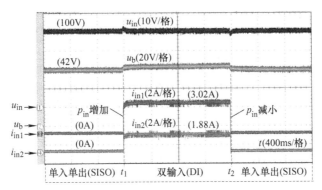

a) 输入电压、蓄电池电压和输入端电流

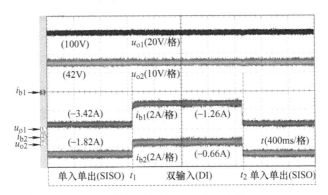

b) 输出端电压和蓄电池端电流

图 8-29 负载端分布式 MTPC 系统在 SISO 和 DI 状态之间切换时实验波形

图 8-29 中实验结果表明，保持两个模块的输出功率不变，当系统输入功率从零发生变化时，系统在 SISO 和 DI 两种工作状态之间切换。由于在 SISO 和 DI 状态下蓄电池均放电，故系统的控制方式均为按照输出功率分配输入端功率。

保持两个模块的输出功率不变（$p_{o1}=200W$、$p_{o2}=110W$），当输入功率 $p_{in}$ 突变时系统在 DI 和 DO 状态之间切换的实验波形如图 8-30 所示，图 8-30a 波形由上而下依次为 $u_{o1}$、$i_{in}$、$i_{b1}$ 和 $i_{b2}$，图 8-30b 波形由上而下依次为 $u_{o2}$、$i_b$、$i_{in1}$ 和 $i_{in2}$。

$t_1$ 时刻之前，$p_{in}=200W$，此时系统输入功率小于输出功率，蓄电池放电、系统处于 DI 状态，系统功率控制方式为按照输出功率分配输入端功率；在 $t_1$ 时刻，$p_{in}$ 由 200W 突变至 400W，系统输入功率大于输出功率，蓄电池充电、系统处于 DO

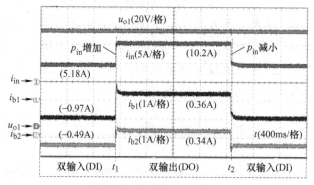

a) 输出端电压、输入电流和蓄电池端电流

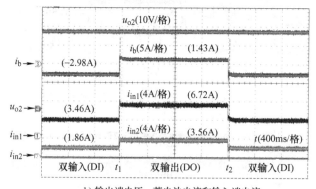

b) 输出端电压、蓄电池电流和输入端电流

图 8-30 负载端分布式 MTPC 系统在 DI 和 DO 状态之间切换时实验波形

状态，系统功率控制方式为蓄电池端均流；在 $t_2$ 时刻，$p_{in}$ 由 400W 突变回至 200W，系统回归至 DI 状态。图 8-30 中实验波形表明，保持两个模块的输出功率不变，当系统输入功率发生变化时，系统在 DI 和 DO 两种状态之间切换，同时系统的功率控制方式也随着蓄电池充放电状态的变化而实现自由切换。

上述实验结果表明，采用所提出的负载端分布式 TPC 系统架构可以满足多个负载的不同供电需求。采用所提出的混合型功率控制策略，负载端分布式 TPC 系统可以在 SISO、DI、DO 等不同工作状态中稳定运行，可以保证系统中各条路径上功率分配都是确定的，且不同负载的功率控制之间相互独立。当输入功率或输出功率发生变化时，系统能够实现在各工作状态之间自由切换，且系统功率控制方式随着工作状态的变化而平滑过渡。实验结果验证了所提出的负载端分布式 MTPC 系统架构的可行性和混合型功率控制策略的有效性。

## 8.5 共负载母线分布式 TPC 系统功率控制

以两个 TPC 模块构成的共负载母线分布式 TPC 系统为例，如图 8-31 所示，各

174

个 TPC 分别连接各自的光伏输入和蓄电池，两个模块的输出端并联共同向负载供电。

仅从负载端来看，TPC 输入端所连接的光伏电池以及双向端所连接的蓄电池彼此互补工作、共同构成向负载稳定供电的"输入源"。因此，从负载端来看，如果将输入源和蓄电池看做一个整体，则 TPC 也等效为一个两端口变换器，因此可以借鉴两端口变换器的功率管理方法。对于由两端口变换器构成的分布式供电系统，其能量管理的核心在于根据各分布式电源出力大小调整各变换器输出功率。

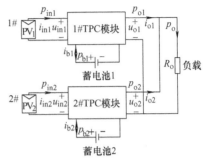

图 8-31　基于两个 TPC 模块的
共负载母线分布式 TPC 系统

在实际系统中，每一个 TPC 所连接的太阳能光伏电池的输出功率、蓄电池的荷电状态均有可能不同。对于图 8-31 所示系统，既要考虑最大程度利用太阳能光伏电池输出功率，又要兼顾均衡各分布式储能蓄电池的荷电状态，使各个 TPC 子系统的能量状态趋于均衡。因此，如何综合考虑各 TPC 子系统太阳能电池和蓄电池的状态，实现各 TPC 子系统负载侧输出功率的合理分配，是上述系统能量管理的关键。

针对 TPC 各光伏端输出功率最大化和蓄电池能量均衡的控制需求，结合传统分布式供电系统下垂控制方法，将各 TPC 模块光伏端和蓄电池端的能量状态信息引入到其对应的下垂系数中，使得各 TPC 输出端下垂系数根据光伏电池和储能蓄电池的能量状态自动调整，从而实现 TPC 输出功率始终正比于光伏和蓄电池能量。基于上述策略，不仅能使得各模块实现光伏阵列输出功率的最大化利用，并且自动均衡各分布式储能蓄电池荷电状态。

共负载母线模块化 TPC 系统中，各 TPC 输出端下垂控制系数表达式为

$$k_{dmi} = k_d k_{pv}(u_{pvmax} - u_{pvi}) k_b(u_{bCV} - u_{bi}) \tag{8-32}$$

式中，$u_{pvmax}$ 为光伏阵列的最大输入电压，$u_{bCV}$ 为蓄电池端恒压控制的电压值，$k_{pv}$ 和 $k_b$ 为光伏端电压和蓄电池端电压调节系数，各自表达式为

$$k_{pv} = \frac{H_{pv}}{u_{pvmax} - u_{MPPT}} \tag{8-33}$$

$$k_b = \frac{H_b}{u_{bCV} - u_{bmin}} \tag{8-34}$$

$$u_{oref} - k_{dmj} i_{oj} = u_{oref} - k_{dmk} i_{ok} \tag{8-35}$$

$$\frac{i_{oj}}{i_{ok}} = \frac{k_{dmk}}{k_{dmj}} \tag{8-36}$$

$H_{pv}$和$H_b$为光伏端和蓄电池端反馈系数，$u_{MPPT}$为光伏端最大功率点电压，$u_{bmin}$为蓄电池的最小电压。该控制策略对应的系统控制框图如图 8-32 所示。

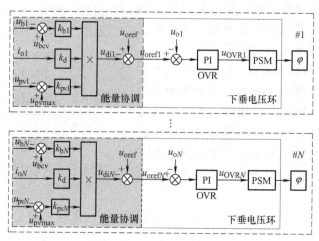

图 8-32  $N$ 模块输出并联系统能量协调控制框图

式（8-32）中，利用了光伏电池实际工作电压偏离最大功率点电压的程度来表征当前光伏阵列富余能量的多少，而用蓄电池电压来表征蓄电池荷电状态的大小。在具体实施时，也可以采用其他的信息来表征光伏端和蓄电池端的能量状态。

由式（8-32）可知，在蓄电池荷电状态相同的情况下，光伏端电压 $u_{pvi}$ 越高，相应 TPC 模块的下垂系数 $k_{dm}$ 越小；同理，在光伏端电压相同的情况下，蓄电池端电压越高，相应 TPC 模块的下垂系数 $k_{dm}$ 也越小。

而其他条件相同时，TPC 模块的光伏端采样电压越高则说明其光伏端退出了 MPPT 控制模式，并且其对应的 PV 阵列能量利用率较低；而蓄电池端采样电压越高则说明蓄电池存储的能量越多。根据"多能多发"和"多存多放"原则，这样的模块应该承担更多的输出功率，从而实现光伏能量的充分利用和蓄电池能量状态的平衡。

通过对图 8-32 控制框图的分析，结合下垂控制原理，可以得到各模块输出电流和能量协调下垂系数的关系为

$$u_{oref} - k_{dmj}i_{oj} = u_{oref} - k_{dmk}i_{ok} \tag{8-37}$$

$$\frac{i_{oj}}{i_{ok}} = \frac{k_{dmk}}{k_{dmj}} \tag{8-38}$$

可以发现，系统中任意模块的输出电流之比等于能量协调下垂系数的反比，即各模块的能量协调下垂系数越小，其输出电流、功率就越大。结合上述分析易知，光伏端和蓄电池端电压越高，其对应的能量协调下垂系数越低，则其输出电流、功率就越高，反之亦然。因此采用该种能量协调下垂控制策略可以同时实现提高 PV

阵列能量利用率和均衡各模块蓄电池的目标。

以两模块输出并联系统为例进行说明，忽略各模块输出电压基准值和光伏端MPPT控制电压之间的差异，当两模块的 PV 阵列 MPPT 功率和蓄电池储能状态接近时，两模块应该平均分担输出功率，输出电流应该实现均流控制，各端口电压电流值也都接近。

为了分析能量协调下垂控制的特性，将两模块的光伏端和蓄电池端的能量状态设置为不同，其中模块 1 的 PV 阵列可以提供更多的功率（$P_{\text{MPPT1}} > P_{\text{MPPT2}}$），并且其蓄电池存储了更多的能量（$u_{b1} < u_{b2}$）。图 8-33 给出了两模块输出并联系统在能量状态不同的情况下的输出电压基准值和输出功率的关系曲线。其中，$P_{\text{chlim1}}$、$P_{\text{chlim2}}$ 为各模块蓄电池充电功率，$P_{\text{disch1}}$、$P_{\text{disch2}}$ 为各模块放电功率，$P_{\text{MPPT1}}$、$P_{\text{MPPT2}}$ 为各模块 PV 阵列 MPPT 功率。

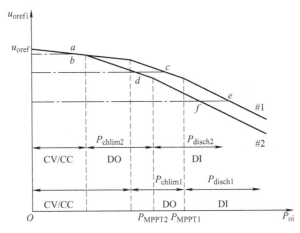

图 8-33　两模块输出并联系统输出电压基准值和输出功率关系

从图中可以发现，两模块的工作状态随着输出功率的增加，从蓄电池恒压/恒流充电（CV/CC）控制转变为光伏端 MPPT 控制下的双输出模式（DO，蓄电池充电），最后随着输出功率增加到超过光伏端输入功率，各模块的工作状态转变为光伏端 MPPT 控制下的双输入模式（DI，蓄电池放电），由于彼此 PV 阵列和蓄电池的能量状态不一致，导致两个模块在不同的功率点发生工作模式的切换。此外根据式(8-32)可知，图 8-33 中各工作模式内的曲线均不是理想的直线，其应该是斜率随着能量协调下垂系数变换而变化的曲线，此处为了便于分析进行了近似处理。

在轻载下，两模块均工作在蓄电池 CV/CC 控制模式下，此时两模块的光伏端均退出了 MPPT 控制模式，因此两模块的下垂系数的数值接近，取图中 $a$、$b$ 两点为例，此时两模块输出功率基本相同，实现输出均流控制。随着系统输出功率的增加，模块 2 由于光伏端 MPPT 功率较小会较先进入 MPPT 控制下的 DO 模式，此时模块 2 的蓄电池将不再处于 CV/CC 控制模式。

当输出功率进一步增加，模块 1 也将进入 DO 模式。此时两模块的下垂系数将不再相同，如图中 $c$, $d$ 两点所示，因此两模块输出功率将不再相同，光伏端 MPPT 功率较大的模块（模块 1）将承担更多的输出功率；当系统输出功率超过其总的光伏端 MPPT 功率时，两模块会相继进入到 DI 模式，蓄电池处于放电状态。根据光伏端电压和蓄电池端电压的反馈，两模块的下垂系数也将不同，此时，模块 1 的下垂系数更小、承担的输出功率更多，如图中 $e$, $f$ 两点所示。

从上述分析可知，能量协调下垂控制策略可以合理分配系统中各模块的输出功率，有效提高 PV 阵列能量的利用率，此外还可以兼顾蓄电池的 SoC 状态、实现各蓄电池能量状态的均衡管理。因此，该方法可以提高系统整体能源利用效率和可靠性。此外，该能量协调下垂控制也可以适用于由更多模块组成的输出并联供电系统。

## 8.6　本章小结

本章以航天器供电系统为背景，对模块化 TPC 的系统架构及其功率控制展开研究。以 TPC 为基本模块，通过 TPC 模块三端并联可以构建 $N + X$ 冗余供电系统，而三端并联 TPC 必须同时对其中两个端口施加均流控制。以 TPC 为基本模块，通过输入端独立、负载端独立、负载端并联等不同连接方式，可以构建出输入源端分布式、负载端分布式以及共负载母线分布式等不同形式的供电系统架构，结合每种架构的适用场景以及功率控制需求，分别设计了相应的控制策略，实现了各架构下 TPC 模块的能量管理。

# 第9章 基于三端口变换器的分布式光伏直流并网系统

本章将 TPC 应用于分布式模块化光伏直流接入系统，通过将每个三端口变换器的输入端口分别连接独立的光伏电源，实现各分布式光伏电源的 MPPT 控制，各 TPC 输出端口串联连接实现高压直流接入并有效减小高压直流侧功率器件的电压应力，各 TPC 双向端口相互并联构成低压直流母线并用于实现模块间功率均衡。此外，基于上述系统架构，对各 TPC 双向端口的稳压和输出端口的分布式自主均压控制策略进行了研究。

## 9.1 系统架构与分析

### 9.1.1 基于两端口变换器的系统架构

随着能源危机和环境污染问题日益严重，光伏、风电等清洁、可再生的分布式新能源发电得到越来越广泛的关注。目前新能源发电通常接入交流大电网，但是由于光伏等新能源发电装置输出为直流且电压较低，为了将其输出功率并入交流大电网需要经过多级功率变换。近年来，直流技术已经在发电、输电、配电和用电等电能变换的各个环节得到了越来越广泛的应用，如果将新能源发电输出的直流电直接接入中高压直流配电网（10kV 以上），不仅使得电网能够更好地接纳分布式电源和直流负载，减少功率变换环节，提高电力系统中新能源发电渗透率和运行效率，而且可以显著提高配电网的可靠性和设备利用率、降低并网系统的复杂性。因此，分布式电源的高压直流接入技术得到越来越多的关注。

将分布式电源直接接入中高压直流配电网（10kV 以上），主要需要解决两个关键问题：①高压直流侧的电压应力问题；②分布式电源的独立控制问题。为了降低高压直流侧功率器件的电压应力，通常采用多 DC – DC 模块输出串联的系统架构，其示意图如图 9-1a 所示。各 DC – DC 模块的输入端口分别连接独立的光伏电源，理论上可以实现所有光伏电源的 MPPT 控制。但是，由于各 DC – DC 模块的输出端口串联连接，各模块的输出电压与其输入功率成正比，因此，分布式光伏电源的 MPPT 控制必然导致高压直流侧各模块的不均压。为了避免出现过电压问题，输入功率较大的模块需要退出 MPPT 控制，那么就无法使得每个光伏电源都工作在最大功率输出状态[26]。有研究提出 DC – DC 模块输出串联和差分功率处理（Differential Power Processing，DPP）电路相结合的解决方案，利用 DC – DC 模块输出串联实现高压直流接入，利用 DPP 电路实现各分布式光伏电源的 MPPT 控制和高压直流侧的串联均压，其中 DPP 电路仅能处理相邻模块之间的差分功率，各光伏电源之间的差分功率将至少经过 DPP 电路变换一次，而最多变换 $N-1$ 次，$N$ 为 DC-DC 模块总数[27]。由于所有输入功率都经过 DC-DC 模块变换一次，因此已有解决方案中，差分功率将经过 $m+1$ 次功率变换，其中 $m=1\sim N-1$。同时，该方案需要增加额外的 DPP 电路及其控制电路，系统复杂程度增加、模块化程度降低。

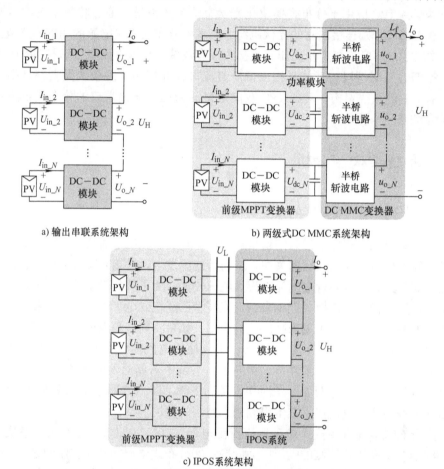

a) 输出串联系统架构

b) 两级式 DC MMC 系统架构

c) IPOS 系统架构

图 9-1　现有分布式光伏直流接入系统架构

基于两级式直流模块化多电平变换器（DC Modular Multilevel Converter，DC MMC）的分布式光伏直流接入系统示意图如图 9-1b 所示[28]。其中，每个功率模块由 MPPT 变换器和半桥斩波电路级联组成；前级 MPPT 变换器的输入端口分别连接独立的光伏电源，实现 MPPT 控制，输出端口分别依次与后级半桥斩波电路的输入端口连接，后级半桥斩波电路的输出端口串联连接，经滤波电感后接入高压直流母线。各半桥斩波电路的平均输出电压等于 $DU_{dc}$，其中，$D$ 为占空比、$U_{dc}$ 为功率模块的中间母线电压。因此，可以通过控制各半桥斩波电路以不同占空比工作，使得各功率模块的中间母线电压相同，实现电压应力一致。然而，当各分布式光伏电源之间的功率差异较大时，对应半桥斩波电路的占空比差值也很大，这会增大滤波电感的电流纹波和导通损耗。同时，所有输入功率需要经过两次变换；各半桥斩波电路通常共用控制器，实现移相控制以减小滤波电感的电流纹波，这会降低了系统的模块化程度和可扩展性。

IPOS 系统广泛应用与低输入电压、高输出电压的应用场合，其可以用于实现分布式光伏电源的中高压直流接入[29]。为了保证所有光伏电源均工作在最大功率点以获得系统最大功率，每个光伏电源需要通过独立的 DC – DC 变换器连接至 IPOS 系统的输入端口，系统示意图如图 9-1c 所示，所有输入功率需要经过两次变换。

### 9.1.2　基于三端口变换器的系统架构

基于 TPC 的分布式模块化光伏直流接入系统架构示意图如图 9-2 所示。该系统包含多个输出并联连接的 TPC 组合子系统，每个子系统中的各 TPC 模块输入端口分别连接独立的光伏电源，可以实现所有光伏电源的 MPPT 控制，输出端口串联连接再与高压直流母线（$U_H$）连接，双向端口相互并联构成低压直流母线（$U_L$）。每个 TPC 模块可以通过其双向端口输出或输入功率，因此，在实现 MPPT 控制时，可以控制输入功率较大的 TPC 模块通过双向端口输出功率以减小输出功率、输入功率较小的 TPC 模块通过双向端口输入功率以增大输出功率，使得各 TPC 模块具有相同的输出功率，从而实现各 TPC 模块的输出均压控制。

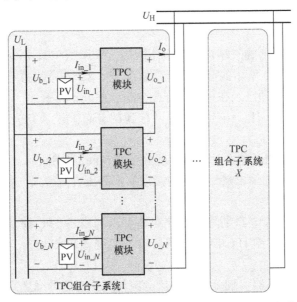

图 9-2　基于 TPC 的分布式模块化光伏直流接入系统架构

以图9-3所示基于两个 TPC 模块的分布式模块化光伏直流接入系统为例，分析系统的工作原理。图9-3 中，$PV_1$、$PV_2$ 为光伏电源且相互独立，可以实现分布式 MPPT 控制。如图 9-3a 所示，当 TPC 模块 1 和 2 的输入功率相同时，各 TPC 模块输出功率等于输入功率，双向端口无功率传输，所有功率仅经过 TPC 变换一次。如图 9-3b 所示，当 TPC 模块 1 的输入功率大于 TPC 模块 2 的输入功率相同时，模块 1 通过双向端口向模块 2 传输功率 $P_b$，有

$$\begin{cases} P_{o\_1} = P_{in\_1} - P_b \\ P_{o\_2} = P_{in\_2} + P_b \end{cases} \tag{9-1}$$

式中，$P_{in\_1}$（$P_{in\_2}$）、$P_{o\_1}$（$P_{o\_2}$）分别为 TPC 模块 1（模块 2）的输入功率和输出功率，$P_b$ 为双向端口功率。当 $P_b = 0.5(P_{in\_1} - P_{in\_2})$ 时，$P_{o\_1} = P_{o\_2}$，实现输出端口的均压控制。由图 9-3b 可知，只有 TPC 模块之间的差分功率 $P_b$ 经过两次变换，而其余功率仅经过 TPC 变换一次。

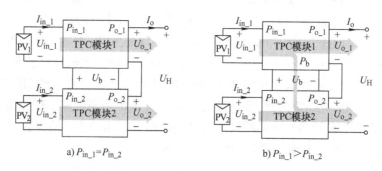

a) $P_{in\_1} = P_{in\_2}$　　　　　　　　b) $P_{in\_1} > P_{in\_2}$

图9-3　基于两个 TPC 模块的分布式模块化光伏直流接入系统功率流示意图

基于第 6 章所提出的三端口电路拓扑结构，采用图 9-4a 所示 TPC 电路拓扑作为基本单元构建图 9-2 所示的分布式光伏直流接入系统，其主要工作波形如图 9-4b 所示，该电路工作原理已经在第 6 章详细分析，此处不再赘述。

采用图 9-4a 所示 TPC 作为基本单元构建的分布式模块化光伏直流接入系统，具有以下优点：

1) 各光伏电源相互独立，可以实现分布式 MPPT 控制；

2) 各 TPC 模块的输出端口串联连接以实现高压直流接入，各 TPC 模块电压应力大大减小；

3) 各分布式光伏电源之间的差分功率可以利用各 TPC 模块双向端口并联组成的低压直流母线在各 TPC 模块之间传输，实现输出侧均压，无需要增加额外电路；

4) 利用高频变压器实现分布式光伏电源与高压直流母线之间的隔离。

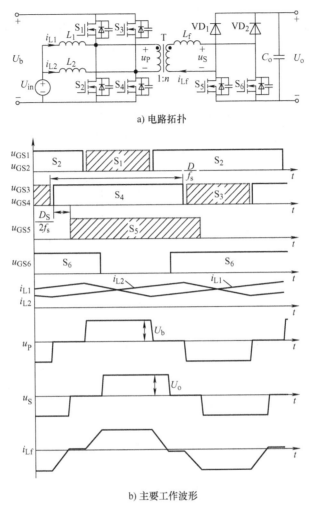

a) 电路拓扑

b) 主要工作波形

图 9-4　TPC 电路拓扑和主要工作波形

# 9.2　系统控制策略与分析

## 9.2.1　控制策略

根据并网功率需求，系统可以工作在 MPPT 模式或恒定功率输出（Constant Power Generation，CPG）模式。

### 1. MPPT 模式

在 MPPT 模式时，需要保证所有光伏直流电源工作在最大功率点以获得系统最大功率，对此，提出一种新颖的系统控制策略，其控制框图如图 9-5 所示。其中，

$U_{\text{in}\_i}$、$I_{\text{in}\_i}$ 分别为第 $i$ 个 TPC 模块输入端口的电压和电流，$i=1\sim N$、$N$ 为 TPC 模块总数，$U_{\text{inref}\_i}$ 为第 $i$ 个 TPC 模块输入电压基准值，$G_{\text{uin}}$ 为输入电压调节器，$u_{\text{D}\_i}$ 为第 $i$ 个 TPC 模块输入电压调节器的输出信号，$D_i$ 为第 $i$ 个 TPC 模块的占空比，$U_{\text{b}\_i}$、$U_{\text{o}\_i}$ 分别为第 $i$ 个 TPC 模块双向端口电压和输出电压，$U_{\text{bref}}$、$U_{\text{oref}}$ 分别为预设的双向端口电压基准值和输出电压基准值，$U_{\text{bref}\_i}$ 为第 $i$ 个 TPC 模块双向端口的实际电压基准值，$k_{\text{uo}}$ 为大于零的比例系数，$G_{\text{ub}}$ 为双向端口电压调节器，$u_{\text{DS}\_i}$ 为第 $i$ 个 TPC 模块双向端口电压调节器的输出信号，$D_{\text{S}\_i}$ 为第 $i$ 个 TPC 模块的二次侧移相比。

图 9-5 所示系统控制策略的具体工作过程为：各 TPC 模块采样各自输入端口的电压和电流以实现 MPPT 控制；各 TPC 模块采样各自的输出电压，将输出电压与预设的输出电压基准值的误差信号乘以比例系数 $k_{\text{uo}}$，然后将得到的结果叠加到双向端口预设的电压基准值

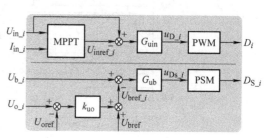

图 9-5　MPPT 模式下系统控制框图

中，得到该 TPC 模块双向端口的实际电压基准值 $U_{\text{bref}\_i}$ 为

$$U_{\text{bref}\_i} = U_{\text{bref}} + k_{\text{uo}}(U_{\text{o}\_i} - U_{\text{oref}}) \quad i = 1 \sim N \tag{9-2}$$

当各 TPC 模块不通过双向端口输入或输出功率时，每个 TPC 模块的输出功率等于输入功率，那么输入功率大的 TPC 模块输出电压也大，由式（9-2）可知，该 TPC 模块双向端口的实际电压基准值也大。由于所有 TPC 模块的双向端口相互并联，该模块将通过双向端口输出一部分功率使得其输出功率减小，而输入功率小的 TPC 模块双向端口的实际电压基准值也小，将通过双向端口吸收一部分功率使得其输出功率增大。因此，输入功率不同的 TPC 模块可以具有相同的输出功率，从而实现输出均压。另一方面，当输出电压受到扰动时，比如第 $i$ 个 TPC 模块输出电压 $U_{\text{o}\_i}$ 上升、第 $j$ 个 TPC 模块输出电压 $U_{\text{o}\_j}$ 下降，而其他 TPC 模块输出电压保持不变，由式（9-2）可知，第 $i$ 个 TPC 模块双向端口的实际电压基准值上升、第 $j$ 个 TPC 模块双向端口的实际电压基准值下降，因此，第 $i$ 个 TPC 模块输出功率将减小、第 $j$ 个 TPC 模块输出功率将增大，使得 $U_{\text{o}\_i}$ 下降、$U_{\text{o}\_j}$ 上升，系统回到平衡点。因而对于基于 TPC 的分布式模块化光伏直流接入系统，采用所提系统控制策略，系统可以稳定工作。

由图 9-5 可知，各 TPC 仅采样各自模块的电压、电流用于实现 MPPT 控制、双向端口的稳压控制和输出端口的均压控制，且各 TPC 模块预设的双向端口电压基准值 $U_{\text{bref}}$、预设的输出电压基准值 $U_{\text{oref}}$、比例系数 $k_{\text{uo}}$ 以及电压调节器 $G_{\text{uin}}$ 和 $G_{\text{ub}}$ 均可以相同，因此，系统可以实现高度模块化设计。

系统中各 TPC 模块预设的输出电压基准值 $U_{\text{oref}}$ 为

$$U_{\text{oref}} = \frac{U_{\text{H}\_n}}{N} \tag{9-3}$$

式中，$U_{\text{H}\_n}$ 为高压直流母线的额定电压值。系统中各 TPC 模块预设的双向端口电压基准值 $U_{\text{bref}}$ 为

$$U_{\text{bref}} = \frac{U_{\text{oref}}}{n} = \frac{1}{n}\frac{U_{\text{H}\_n}}{N} \tag{9-4}$$

式中，$n$ 为 TPC 模块中高频功率变压器的匝数比。

根据以上分析，基于 TPC 的分布式模块化光伏直流接入系统架构和图 9-1 所示几种现有系统架构的特性对比见表 9-1。从表中可以看出，与几种现有系统架构相比，所提系统更有优势，将更适合分布式可再生能源的高压直流并网应用。

表 9-1　各系统架构特性对比

| | 输出串联与 DPP 组合系统架构 | 两级式 DC MMC 系统架构 | IPOS 系统架构 | 所提系统架构 |
|---|---|---|---|---|
| 电气隔离 | ☑ | ☑ | ☑ | ☑ |
| MPPT 控制 | ☑ | ☑ | ☑ | ☑ |
| 模块电压应力 | $\dfrac{U_{\text{H}}}{N}$ | $\dfrac{U_{\text{H}}}{DN}$ | $\dfrac{U_{\text{H}}}{N}$ | $\dfrac{U_{\text{H}}}{N}$ |
| 功率变换级数 | 仅差分功率经过多级变换 | 所有功率经过两级变换 | 所有功率经过两级变换 | 仅差分功率经过两级变换 |
| 变换器数量 | $N+(N-1)$ | $2N$ | $N+M$ | $N$ |
| 模块化程度 | 中 | 中 | 中 | 高 |

## 2. CPG 模式

当电网所需功率减小时，系统需要退出 MPPT 控制，系统中各 TPC 模块根据功率指令独立控制其输入功率，对此，提出一种新颖的系统控制策略，其控制框图如图 9-6 所示。此时，各 TPC 模块从上层控制系统获取功率基准值 $P_{\text{ref}}$，$P_{\text{ref}}$ 为

$$P_{\text{ref}} = \frac{P_{\text{ref\_G}} + (P_{\text{ref\_G}} - P_{\text{o}})}{N} \tag{9-5}$$

式中，$P_{\text{ref\_G}}$ 为系统总功率基准值，$P_{\text{o}}$ 为系统输出总功率。

需要特别说明的是，对于实际的并网光伏系统，需要上层控制系统发送控制指令和监控系统运行状态以确保并网光伏系统的可靠运行，但这些控制指令和运行状态的相关数据仅需要通过低速通信的方式在上层控制系统和各 TPC 模块控制系统之间进行传输。同时，各光伏电源的独立控制、各 TPC 模块双向端口的稳压控制和输出端口的均压控制仍由各 TPC 模块控制系统实现。因此，上层控制系统的存在并不会降低系统的模块化程度。

图9-6 所示系统控制策略的具体工作过程为：各 TPC 模块采样各自输入端口的电压和电流，并根据从上层控制系统获取的功率基准值独立控制其输入功率；双向端口的稳压控制和输出端口的均压控制与 MPPT 模式时一致。因此，基于 TPC 的分布式模块化光伏直流接入系统在 CPG 模式时，也只需要采样各自模块的电压、电流实现 MPPT 控制、双向端口的稳压控制和输出端口的均压控制，且系统可以稳定工作。

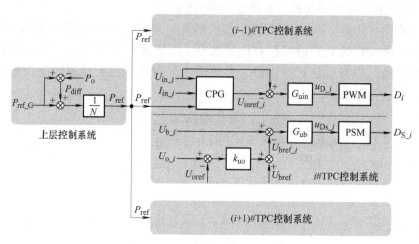

图 9-6　CPG 模式下系统控制框图

### 3. 特殊模式

（1）光伏电源失效：对于所提基于 TPC 的分布式模块化光伏直流接入系统，当部分光伏电源失效时，对应的 TPC 模块的输入功率为零，仍可以通过其双向端口从其他模块吸收功率，系统仍可以稳定工作。

（2）TPC 模块失效：为了保证系统在实际应用时具有良好的容错运行能力，系统中每个 TPC 模块的双向端口和输出端口可以分别串联开关 $S_{b\_i}$ 和 $S_{o\_i}$，输出端口并联旁路二极管 $VD_{B\_i}$，连接示意图如图9-7 所示。当 TPC 模块失效时，开关 $S_{b\_i}$ 和 $S_{o\_i}$ 断开，旁路二极管 $VD_{B\_i}$ 续流导通，剩余的 TPC 模块继续向高压直流母线提供能量，但系统总输出功率减小且各 TPC 模块的电压应力增大。在对失效的 TPC 模块进行替换后，开关 $S_{b\_i}$ 和 $S_{o\_i}$ 导通，旁路二极管 $VD_{B\_i}$ 强制关断，新加入

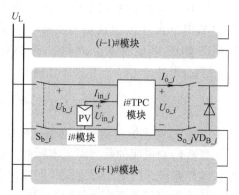

图 9-7　实际应用时引入旁路二极管的系统连接示意图

的 TPC 模块与原有的 TPC 模块共同给高压直流母线供电，系统总输出功率增大且

各 TPC 模块的电压应力减小。对于所提基于 TPC 的分布式光伏直流系统，当有 TPC 模块接入或接出系统时，系统中 TPC 模块总数发生变化，各 TPC 模块的电压应力对应的减小或增大，系统仍可以稳定工作。同时，当 TPC 模块总数足够大时，TPC 模块接入和接出系统引起的电压应力变换很小，可以忽略其对 TPC 模块设计的影响。根据以上分析可知，基于 TPC 的分布式光伏直流系统具有良好的容错运行能力，且系统易于扩展。

## 9.2.2　均压特性分析

由式(9-2) 可得，第 $i$ 个 TPC 模块的输出电压 $U_{o\_i}$ 为

$$U_{o\_i} = \frac{1}{k_{uo}}(U_{b\_i} - U_{bref}) + U_{oref} \quad i = 1 \sim N \tag{9-6}$$

理想情况下，当各 TPC 模块预设的双向端口电压基准值 $U_{bref}$、预设的输出电压基准值 $U_{oref}$、比例系数 $k_{uo}$ 均相同时，则有

$$U_{o\_i} = U_{o\_j} = \frac{1}{k_{uo}}(U_b - U_{bref}) + U_{oref} \quad i,j = 1 \sim N \tag{9-7}$$

各 TPC 模块输出完美均压。当考虑参数不一致时，则有

$$U_{o\_i} - U_{o\_j} = \frac{k_{uo\_j} - k_{uo\_i}}{k_{uo\_i}k_{uo\_j}}U_b + \frac{k_{uo\_i}U_{bref\_j0} - k_{uo\_j}U_{bref\_i0}}{k_{uo\_i}k_{uo\_j}} + (U_{oref\_i} - U_{oref\_j}) \tag{9-8}$$

式中，$k_{uo\_i}$、$k_{uo\_j}$分别为第 $i$ 个和第 $j$ 个 TPC 模块的比例系数，$U_{bref\_i0}$、$U_{bref\_j0}$分别为第 $i$ 个和第 $j$ 个 TPC 模块预设的双向端口电压基准值，$U_{oref\_i}$、$U_{oref\_j}$分别为第 $i$ 个和第 $j$ 个 TPC 模块预设的输出电压基准值。

由式(9-8) 可知，各 TPC 模块预设的端口电压基准值的差异和比例系数的差异越小，或比例系数越大，各 TPC 模块输出电压的差异越小。另一方面，由式(9-2) 可知，比例系数越大，TPC 模块双向端口电压与预设的电压基准的误差越大。由此可以看出，所提控制策略中的比例系数的功能与下垂控制策略中的下垂系数类似，两种控制策略都仅需要采样各自模块的电压、电流实现均压或均流控制，系统具有良好的模块化特性。与下垂控制策略中均流效果与输出电压精度存在矛盾的问题类似，所提控制策略为了获得较好的输出均压效果，需要牺牲各 TPC 模块双向端口电压的控制精度，但由于双向端口仅用于传输各分布式光伏电源之间的差功率，且低压直流母线上无负载，因此，可以降低双向端口电压的控制精度获得较好的输出均压效果。

## 9.2.3　系统稳定性分析

本节将对基于 TPC 的分布式模块化光伏直流接入系统采用所提控制策略时的稳定性进行分析。采用等效电流源模型对系统进行建模分析[30]，其电路模型如图 9-8 所示，其中 $R_o$ 为等效负载电阻。

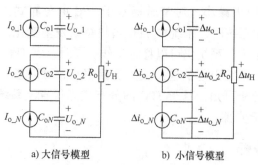

a) 大信号模型　　　　　b) 小信号模型

图9-8　系统电路模型

结合变换器工作原理的分析，得到图9-4a 所示 TPC 输出功率表达式为

$$P_{o\_TPC} = \frac{nU_b U_o(40D + 22D_S - 20DD_S - 28D^2 - 10D_S^2 - 13)}{36f_s L_f} \tag{9-9}$$

由此可得输出电流 $I_{o\_TPC}$ 为

$$I_{o\_TPC} = \frac{nU_b(40D + 22D_S - 20DD_S - 28D^2 - 10D_S^2 - 13)}{36f_s L_f} \tag{9-10}$$

假设直流工作点 $D_S$ 附近的小信号扰动为 $\Delta d_S$、$U_b$ 的小信号扰动为 $\Delta u_b$，由式(9-10) 可得输出电流 $I_{o\_TPC}$ 的小信号扰动电流 $\Delta i_{o\_TPC}$ 为

$$\Delta i_{o\_TPC} = A \cdot \Delta u_b + B \cdot \Delta d_S \tag{9-11}$$

式中

$$\begin{cases} A = \dfrac{n(40D + 22D_S - 20DD_S - 28D^2 - 10D_S^2 - 13)}{36f_s L_f} \\[4mm] B = \dfrac{nU_b(22 - 20D - 20D_S)}{36f_s L_f} \end{cases} \tag{9-12}$$

由图9-8 可得

$$\begin{cases} \Delta u_{o\_i} = \left(\Delta i_{o\_i} - \dfrac{\Delta u_H}{R_o}\right)\dfrac{1}{sC_{oi}} \\[4mm] \Delta u_H = \displaystyle\sum_{i=1}^{N} \Delta u_{o\_i} \end{cases} \tag{9-13}$$

由图9-5 可得

$$D_{S\_i} = G_{ub}\left[U_b H_{ub} - k_{uo}(U_{o\_i} H_{uo} - U_{oref}) + U_{bref}\right] \tag{9-14}$$

式中，$H_{ub}$、$H_{uo}$ 分别为双向端口电压和输出电压采样电路的等效增益。则第 $i$ 个 TPC 模块二次侧移相比的小信号扰动还可以表示为

$$\Delta d_{S\_i} = G_{ub}(\Delta u_b H_{ub} - \Delta u_{o\_i} H_{uo} k_{uo}) \tag{9-15}$$

假设各 TPC 模块特性一致，由式(9-2) 可得

$$NU_b = NU_{bref} + k_{uo}(U_H - NU_{oref}) \tag{9-16}$$

由式(9-16) 可得系统低压直流母线电压小信号扰动和高压直流母线电压小信号扰动之间的关系为

$$\Delta u_{\mathrm{b}} = \frac{k_{\mathrm{uo}}}{N} u_{\mathrm{H}} \tag{9-17}$$

由式(9-11) ~式(9-17) 可得

$$\frac{\Delta u_{\mathrm{o}\_i} - \Delta u_{\mathrm{o}\_j}}{\Delta u_{\mathrm{H}}} = \frac{A_i k_{\mathrm{uo}} R_{\mathrm{o}} + B_i G_{\mathrm{ub}} H_{\mathrm{ub}} k_{\mathrm{uo}} R_{\mathrm{o}} - N}{N R_{\mathrm{o}}(s C_{\mathrm{o}i} + B_i G_{\mathrm{ub}} H_{\mathrm{uo}} k_{\mathrm{uo}})} - \frac{A_j k_{\mathrm{uo}} R_{\mathrm{o}} + B_j G_{\mathrm{ub}} H_{\mathrm{ub}} k_{\mathrm{uo}} R_{\mathrm{o}} - N}{N R_{\mathrm{o}}(s C_{\mathrm{o}j} + B_j G_{\mathrm{ub}} H_{\mathrm{uo}} k_{\mathrm{uo}})} \tag{9-18}$$

各 TPC 模块中双向端口电压调节器 $G_{\mathrm{ub}}$ 可以采用比例－积分（Proportional-Integral，PI）调节器，其传递函数为

$$G_{\mathrm{ub}} = k_{\mathrm{p}} + \frac{k_{\mathrm{i}}}{s} \tag{9-19}$$

将式(9-19) 代入式(9-18)，可得式(9-18) 的特征多项式为

$$q(s) = a_4 s^4 + a_3 s^3 + a_2 s^2 + a_1 s + a_0 \tag{9-20}$$

式中

$$\begin{cases} a_4 = N R_{\mathrm{o}} C_{\mathrm{o}i} C_{\mathrm{o}j} \\ a_3 = N R_{\mathrm{o}} k_{\mathrm{p}} (B_j C_{\mathrm{o}i} H_{\mathrm{uo}} k_{\mathrm{uo}} + B_i C_{\mathrm{o}j} H_{\mathrm{uo}} k_{\mathrm{uo}}) \\ a_2 = N R_{\mathrm{o}} \left[ k_{\mathrm{i}} (B_j C_{\mathrm{o}i} H_{\mathrm{uo}} k_{\mathrm{uo}} + B_i C_{\mathrm{o}j} H_{\mathrm{uo}} k_{\mathrm{uo}}) + k_{\mathrm{p}}^2 B_i B_j H_{\mathrm{uo}}^2 k_{\mathrm{uo}}^2 \right] \\ a_1 = N R_{\mathrm{o}} \cdot 2 k_{\mathrm{p}} k_{\mathrm{i}} B_i B_j H_{\mathrm{uo}}^2 k_{\mathrm{uo}}^2 \\ a_0 = N R_{\mathrm{o}} k_{\mathrm{i}}^2 B_i B_j H_{\mathrm{uo}}^2 k_{\mathrm{uo}}^2 \end{cases} \tag{9-21}$$

可见，特征多项式的各项系数都大于 0。根据劳斯稳定性判据[31]，系统稳定需要满足

$$\begin{cases} b_1 = \frac{a_2 a_3 - a_1 a_4}{a_3} > 0 \\ b_2 = \frac{a_1 (a_2 a_3 - a_1 a_4) - a_3^2 a_0}{a_2 a_3 - a_1 a_4} > 0 \end{cases} \tag{9-22}$$

通过合理设计双向端口电压调节器 $G_{\mathrm{ub}}$，可以使得式(9-22) 成立，实现系统稳定。在表 9-2 所示直流工作点参数下，借助 Matlab 软件绘制得到式(9-20) 在不同 $k_{\mathrm{p}}$ 和 $k_{\mathrm{i}}$ 值下的特征根轨迹如图 9-9 所示。

**表 9-2　TPC 模块直流工作点参数**

| 名　　称 | 参　数　值 |
| --- | --- |
| 输出电压 $U_{\mathrm{o}}$/V | 800 |
| 双向端口电压 $U_{\mathrm{b}}$/V | 400 |
| 电感 $L_{\mathrm{f}}$/μH | 35 |
| 变压器匝数比 $n$ | 2 |
| 输出滤波电容 $C_{\mathrm{o}}$/μF | 470 |

（续）

| 名　称 | 参　数　值 |
|---|---|
| 输出电压采样电路增益 $H_{uo}$ | 1/400 |
| 双向端口电压采样电路增益 $H_{ub}$ | 1/200 |
| 比例系数 $k_{uo}$ | 0.2 |
| 占空比 $D$ | 0.6 |
| 二次侧移相比 $D_s$ | 0.151 |

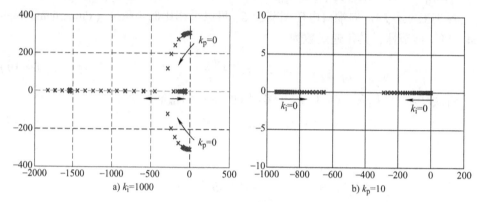

图 9-9　特征根轨迹

图 9-9a 给出了 $k_i = 1000$、$k_p$ 变化时，式（9-20）的特征根轨迹。当 $k_p = 0$ 时，其特征根为

$$\begin{cases} \lambda_{1,2} = 4.11 \times 10^{-15} \pm 30.1i \\ \lambda_{3,4} = -1.42 \times 10^{-13} \pm 808i \end{cases} \quad (9\text{-}23)$$

此时特征根 $\lambda_1$ 和 $\lambda_2$ 在右半平面，系统不稳定。当 $k_p = 0.0001$ 时，式（9-20）特征根为

$$\begin{cases} \lambda_{1,2} = -0.472 \pm 307i \\ \lambda_{3,4} = -0.471 \pm 307i \end{cases} \quad (9\text{-}24)$$

此时各特征根均在左半平面，系统稳定。同时，由图 9-9a 可知，随着 $k_p$ 继续增大，式（9-20）的特征根始终在左半平面，系统始终稳定。

图 9-9b 给出了 $k_p = 10$、$k_i$ 变化时，式（9-20）的特征根轨迹，从图中可以看出，不论 $k_i$ 取值如何，式（9-20）的特征根始终在左半平面，系统始终稳定。

图 9-10 给出参数不一致条件下两模块组成系统在高压直流母线电压突变时的仿真波形，其中，$U_{o\_1}$、$U_{o\_2}$ 分别为 TPC 模块 1 和模块 2 的输出电压，$U_H$ 为高压直流母线电压，$U_b$ 为低压直流母线电压。从图中波形可以看出，即使在 TPC 模块参数不一致时，各 TPC 模块输出侧也能良好的均压；同时，当扰动发生导致 TPC 模块输出电压发生差异时，TPC 模块输出电压差不会发散，系统可以稳定工作。

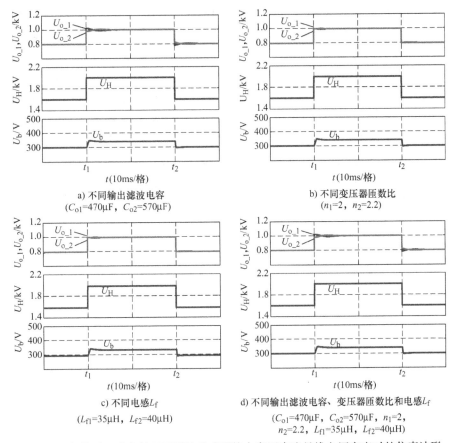

a) 不同输出滤波电容
($C_{o1}$=470μF，$C_{o2}$=570μF)

b) 不同变压器匝数比
($n_1$=2，$n_2$=2.2)

c) 不同电感$L_f$
($L_{f1}$=35μH，$L_{f2}$=40μH)

d) 不同输出滤波电容、变压器匝数比和电感$L_f$
($C_{o1}$=470μF，$C_{o2}$=570μF，$n_1$=2，
$n_2$=2.2，$L_{f1}$=35μH，$L_{f2}$=40μH)

图9-10 参数不一致条件下两模块组成系统在高压直流母线电压突变时的仿真波形

## 9.3 仿真结果与分析

为了验证分布式模块化光伏直流接入系统架构及其控制策略的有效性，在 Mat-lab/Simulink 软件中搭建高压直流母线为 10kV 的仿真模型，模型参数见表9-3 所示。

**表9-3 基于 TPC 的分布式模块化光伏直流接入系统仿真模型参数**

| 名 称 | | 参 数 值 |
|---|---|---|
| TPC 模块 | 输入电压 $U_{in}$/V | 120～200 |
| | 双向端口电压 $U_b$/V | 400 |
| | 输出电压 $U_o$/V | 800 |
| | 电感 $L_f$/μH | 35 |
| | 电感 $L_1$，$L_2$/μH | 25 |
| | 变压器匝数比 $n$ | 2 |
| | 开关频率 $f_s$/kHz | 50 |
| | 额定输出功率 $P_{o\_TPC}$/kW | 20 |
| 高压直流母线电压 $U_H$/kV | | 10.4 |
| TPC 模块总数 $N$ | | 13 |

图 9-11 给出了基于 TPC 的分布式模块化光伏直流接入系统采用所提控制
策略前后的仿真波形，其中，$P_{in\_1} \sim P_{in\_13}$ 分别为各 TPC 模块的输入功率
（$P_{in\_1} = 8\,kW$、$P_{in\_2} = 9\,kW$、$P_{in\_3} = 10\,kW$、$P_{in\_4} = 11\,kW$），$U_{o\_1} \sim U_{o\_13}$ 分别为
各 TPC 模块的输出电压，$U_H$ 为高压直流母线电压。在 $t_1$ 时刻之前，系统未采
用所提控制策略，各 TPC 模块不通过其双向端口传输功率，在实现分布式电
源的 MPPT 控制时将引起输出电压不一致；$t_1$ 时刻后，系统采用所提控制策略，
各 TPC 模块的输入功率保持不变，TPC 模块 1 和 2 将通过双向端口吸收功率、
TPC 模块 3 和 4 将通过双向输出功率，使得 TPC 模块 1 和 2 的输出电压上升、
TPC 模块 3 和 4 的输出电压下降，最终实现了各 TPC 模块输出端口的均压。仿
真结果与理论分析一致。

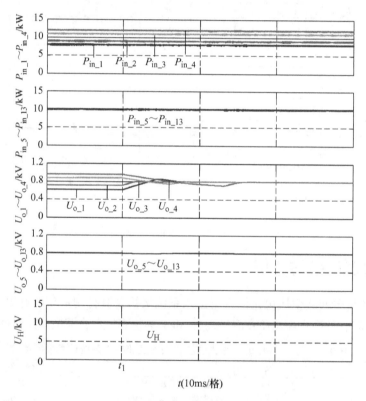

图 9-11　基于 TPC 的分布式光伏直流接入系统采用所提控制策略前后的仿真波形

系统在输入功率突变时的仿真波形如图 9-12 所示，其中，$U_b$ 为各 TPC 模块的
双向端口电压、也是低压直流母线电压。在 $t_1$ 时刻 TPC 模块 1 的输入功率从 8kW
突变至 10kW，在 $t_2$ 时刻 TPC 模块 1 的输入功率从 10kW 突变至 8kW，其他 TPC 模
块输入功率保持不变。从图中波形可以看出，在稳态和动态突变时，系统采用所提
控制策略都能很好地实现各 TPC 模块在高压直流侧的均压。

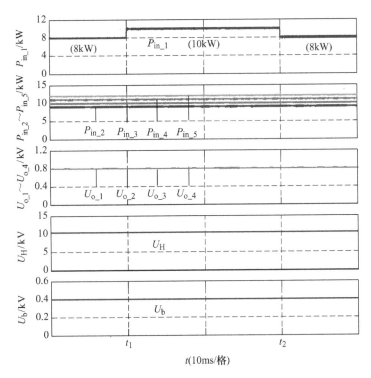

图9-12　基于 TPC 的分布式光伏直流接入系统在输入功率突变时的仿真波形

　　系统在输入源接入接出系统时的仿真波形如图 9-13 所示。在 $t_1$ 时刻 TPC 模块 2 和 3 的输入源从系统中切除以模拟分布式电源失效，在 $t_2$ 时刻 TPC 模块 2 和 3 的输入源重新接入系统，其他 TPC 模块输入功率保持不变。从图中波形可以看出，在部分输入源失效的情况下，对应的 TPC 模块仍可以向高压输出供电以保证系统继续运行，且仍能很好地实现各 TPC 模块在高压直流侧的均压。

　　系统在 TPC 模块接入接出系统时的仿真波形如图 9-14 所示，其中，$P_o$ 为系统总输出功率。在 $t_1$ 时刻 TPC 模块 2 和 3 从系统中切除以模拟 TPC 模块失效，之后系统中剩余的 TPC 模块继续向高压直流母线供电，但系统总输出功率减小，各 TPC 模块的输出电压从 800V 上升至 945.5V 以维持高压直流母线电压保持不变，各 TPC 模块的双向端口电压也随之上升，这与理论分析一致。在 $t_2$ 时刻 TPC 模块 2 和 3 重新接入系统，之后系统总输出功率增大，各 TPC 模块输出电压从 945.5V 下降至 800V，各 TPC 模块的双向端口电压随之下降。同时，在 TPC 模块接入接出系统时，仍能很好地实现各 TPC 模块在高压直流侧的均压。

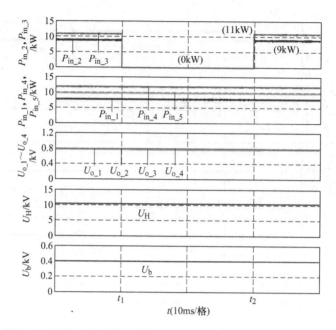

图 9-13　基于 TPC 的分布式光伏直流接入系统在输入源接入接出系统时的仿真波形

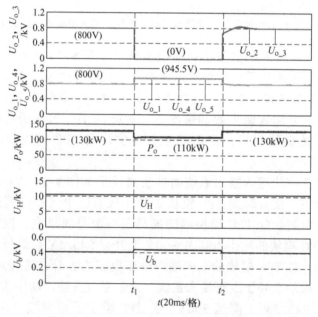

图 9-14　基于 TPC 的分布式光伏直流接入系统在 TPC 模块接入接出系统时的仿真波形

## 9.4　实验结果与分析

为了深入验证所提系统架构及其控制策略的有效性，搭建了一套基于 TPC 的分布式模块化光伏直流接入系统低压原理样机，样机主要参数见表 9-4 所示。各 TPC 模块使用相同的 PCB、开关管、功率二极管、变压器和电感。

**表 9-4　基于 TPC 的分布式模块化光伏直流接入系统样机参数**

| 名　　称 | | 参　数　值 |
| --- | --- | --- |
| TPC 模块 | 输入电压 $U_{in}$/V | 90 ~ 150 |
| | 双向端口电压 $U_b$/V | 300 |
| | 输出电压 $U_o$/V | 200 |
| | 电感 $L_f$/μH | 20 |
| | 电感 $L_1$，$L_2$/μH | 70 |
| | 变压器匝数比 $n$ | 2/3 |
| | 开关频率 $f_s$/kHz | 100 |
| | 额定输出功率 $P_{o\_TPC}$/W | 900 |
| | 一次侧开关管 $S_1 \sim S_4$ | FDP24N40 |
| | 二次侧开关管 $S_5$，$S_6$ | IRFB4137 |
| | 二次侧功率二极管 $VD_1$，$VD_2$ | DPG20C300PB |
| | 数字控制器 DSP | MC56F8247 |
| 高压直流母线电压 $U_H$/kV | | 600 |
| TPC 模块总数 $N$ | | 3 |

图 9-15 给出了基于 TPC 的分布式模块化光伏直流接入系统采用所提控制策略前后的实验波形，其中，$U_{in\_1}$、$I_{in\_1}$ 分别为 TPC 模块 1 的输入电压和电流，$U_{b\_1}$、$I_{b\_1}$ 分别为 TPC 模块 1 的双向端口电压和电流，$U_{o\_1}$、$U_{o\_2}$、$U_{o\_3}$ 分别为 TPC 模块 1、2 和 3 的输出电压，$I_o$ 为系统输出电流。在 $t_1$ 时刻之前，TPC 模块 1 未采用所提控制策略，不通过它的双向端口传输功率，而 TPC 模块 2 和 3 采用所提控制策略，并利用低压直流母线实现功率均衡分配，实现了模块 2 和 3 的输出均压，且由于 TPC 模块 1 的输入功率较小，其输出电压小于其他两个模块；在 $t_1$ 时刻，TPC 模块 1 采用所提控制策略，通过其双向端口吸收功率（$I_{b\_1}$ 为负代表吸收功率），此时 TPC 模块 1 的输出电压上升、TPC 模块 2 和 3 的输出电压下降，实现了所有 TPC 模块的输出均压；在 $t_2$ 时刻，TPC 模块 1 不再采用所提控制策略，不通过它的双向端口传输功率，之后系统回到不均压工作状态。

所搭建系统原理样机中，通过直流源串联电阻的方式模拟光伏电源：通过改变 TPC 模块的输入电压基准值或串联电阻的阻值，改变 TPC 模块的输入功率来模拟光伏电源工作点的变化。图 9-16 和图 9-17 分别给出了系统中 TPC 模块 1 的输入电压基准和串联电阻阻值突变时的实验波形。图 9-16 中，在 $t_1$ 时刻 TPC 模块 1 的输

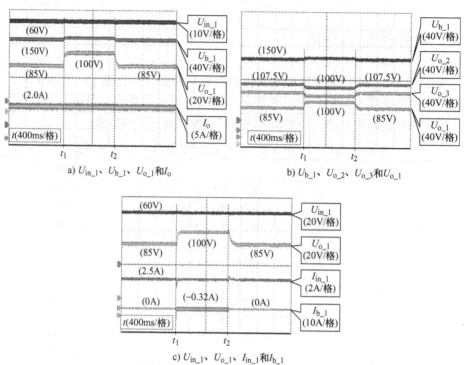

a) $U_{in\_1}$、$U_{b\_1}$、$U_{o\_1}$和$I_o$

b) $U_{b\_1}$、$U_{o\_2}$、$U_{o\_3}$和$U_{o\_1}$

c) $U_{in\_1}$、$U_{o\_1}$、$I_{in\_1}$和$I_{b\_1}$

图 9-15  基于 TPC 的分布式光伏直流接入系统采用所提系统控制策略的实验波形

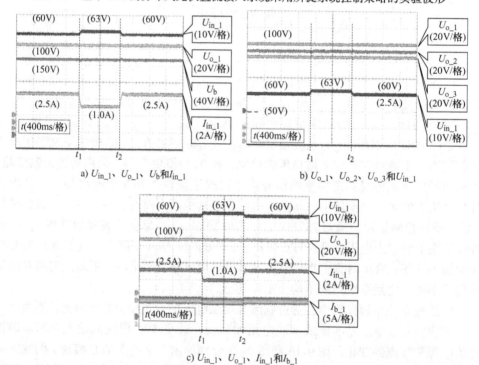

a) $U_{in\_1}$、$U_{o\_1}$、$U_b$和$I_{in\_1}$

b) $U_{o\_1}$、$U_{o\_2}$、$U_{o\_3}$和$U_{in\_1}$

c) $U_{in\_1}$、$U_{o\_1}$、$I_{in\_1}$和$I_{b\_1}$

图 9-16  基于 TPC 的分布式光伏直流接入系统在输入功率突变时（$U_{inref}$突变）的实验波形

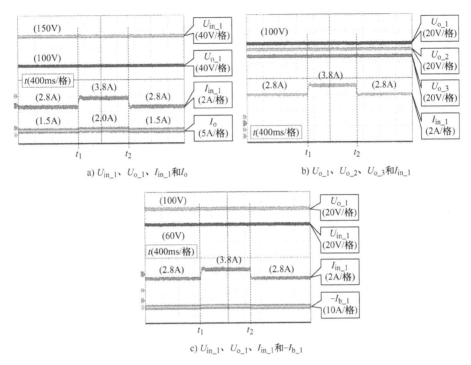

a) $U_{in\_1}$、$U_{o\_1}$、$I_{in\_1}$和$I_o$

b) $U_{o\_1}$、$U_{o\_2}$、$U_{o\_3}$和$I_{in\_1}$

c) $U_{in\_1}$、$U_{o\_1}$、$I_{in\_1}$和$-I_{b\_1}$

图 9-17　基于 TPC 的分布式光伏直流接入系统在输入功率突变时（电阻突变）的实验波形

入电压基准由 60V 突变为 63V，其输入功率减小，各 TPC 模块的输出电压保持不变、仍实现输出均压；在 $t_2$ 时刻 TPC 模块 1 的输入电压基准由 63V 突变为 60V，其输入功率增大，系统仍实现输出均压。图 9-17 中，在 $t_1$ 和 $t_2$ 时刻 TPC 模块 1 输入端口的串联电阻突变，TPC 模块 1 的输入功率突变。从图中波形可以看出，在稳态和动态突变时，系统都能很好地实现各 TPC 模块在高压直流侧的均压。

系统在 TPC 模块 1 的输入源接入接出系统时的实验波形如图 9-18 所示。在 $t_1$ 时刻 TPC 模块 1 的输入源从系统中切除以模拟分布式电源失效，在 $t_2$ 时刻 TPC 模块 1 的输入源重新接入系统，其他 TPC 模块输入功率保持不变。从图中波形可以看出，在部分输入源失效的情况下，对应的 TPC 模块仍可以向高压输出供电以保证系统继续运行，且仍能很好地实现各 TPC 模块在高压直流侧的均压。

系统在 TPC 模块 1 接入接出系统时的实验波形如图 9-19 所示。在 $t_1$ 时刻 TPC 模块 1 从系统中切除以模拟 TPC 模块失效，之后系统中剩余的 TPC 模块继续向高压直流母线供电，但系统总输出功率减小，各 TPC 模块的输出电压从 80V 上升至 105V 以维持高压直流母线电压保持不变，各 TPC 模块的双向端口电压也随之上升，与理论分析一致。在 $t_2$ 时刻 TPC 模块 1 重新接入系统，之后系统总输出功率增大，各 TPC 模块输出电压从 105V 下降至 70V，各 TPC 模块的双向端口电压随之下降。同时，在 TPC 模块接入接出系统时，系统仍能很好地实现各 TPC 模块在高压直流侧的均压。

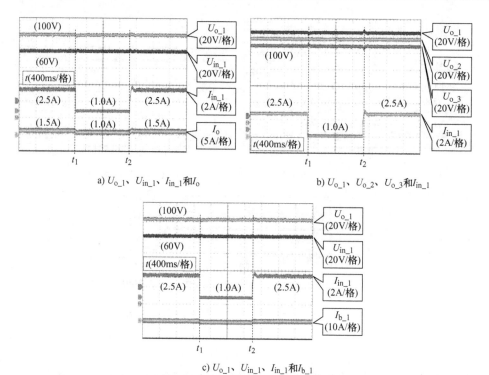

a) $U_{o\_1}$、$U_{in\_1}$、$I_{in\_1}$和$I_o$

b) $U_{o\_1}$、$U_{o\_2}$、$U_{o\_3}$和$I_{in\_1}$

c) $U_{o\_1}$、$U_{in\_1}$、$I_{in\_1}$和$I_{b\_1}$

图 9-18　基于 TPC 的分布式光伏直流接入系统在输入源接入接出系统时的实验波形

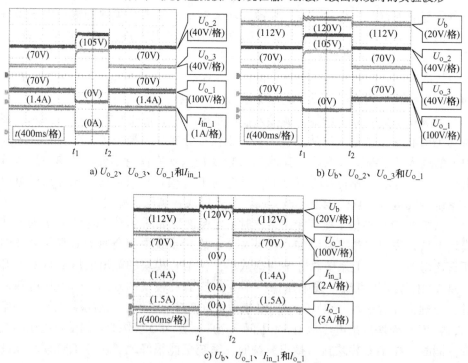

a) $U_{o\_2}$、$U_{o\_3}$、$U_{o\_1}$和$I_{in\_1}$

b) $U_b$、$U_{o\_2}$、$U_{o\_3}$和$U_{o\_1}$

c) $U_b$、$U_{o\_1}$、$I_{in\_1}$和$I_{o\_1}$

图 9-19　基于 TPC 的分布式光伏直流接入系统在 TPC 模块接入接出系统时的实验波形

上述实验结果表明，系统中各 TPC 模块仅需要采样各自模块的电压、电流，就可以实现光伏电源的独立控制、双向端口的稳压控制和输出端口的均压控制，模块化程度高。同时，所提控制策略支持输入源和 TPC 模块的热插拔，系统具有良好的可靠性和可扩展性。实验结果验证所提系统架构及其控制策略的有效性。

## 9.5　本章小结

提出了一种基于模块化 TPC 的分布式光伏直流接入系统架构及其控制策略。系统中每个 TPC 模块的输入端口分别连接独立的光伏电源，可以实现所有光伏电源的 MPPT 控制；输出端口串联连接实现中高压直流接入，可以有效减小高压直流侧功率器件的电压应力；双向端口并联连接构成低压直流母线，并控制双向端口电压始终正比于其输出电压，实现各 TPC 模块双向端口的稳压和输出端口的自动均压控制。对系统的架构组成、控制策略及稳定性进行了深入分析，在此基础上，搭建了高压直流母线为 10kV 的仿真模型和一套低压原理样机，并进行了深入的仿真和实验验证。结果表明，采用所提控制策略，所提系统可以实现发电功率的最大限度利用和高压输出侧的均压控制，各 TPC 模块仅需根据模块自身信息实现控制，模块化程度高，可以在所有工作模式实现完全分布式自主控制，且能实现容错运行和模块热插拔。

# 第10章　基于三端口反激变换器的功率解耦型微型逆变器

本章将三端口变换器应用于光伏微型并网逆变器，利用三端口反激变换器实现了一种具有功率解耦功能的单极光伏微型逆变器，通过将三端口反激变换器的双向端口连接功率解耦电容，消除了二次电网频率脉动功率与光伏输出直流功率的耦合，有效减小了解耦电容容量，使得解耦电容可以采用长寿命、低容值薄膜电容。

## 10.1　反激式微型逆变器概述

微型逆变器直接集成在太阳能电池背板上，将单块太阳能电池的输出直流电能直接馈入市电交流电网，其功率等级一般在 $100 \sim 300W$。微型逆变器能够对单块太阳能电池进行 MPPT，实现太阳能板输出能量的最大化。

反激变换器电路结构如图 10-1 所示，它具有结构简单、控制技术成熟、成本低等优点，因此被广泛用做微型逆变器主功率电路。为了实现交流电流输出，反激式微型逆变器主要有两种结构[32,33]，分别如图 10-2a 和 b 所示。其中，图 10-2a 中在反激直流变换器输出侧级联了工频逆变电路，反激变换器输出二倍工频正弦半波，经工频逆变电路实现交流正弦输出。图 10-2b 中则通过增加反激变压器二次绕组及二次调整开关的方式实现工频交流输出，其变压器二次侧两个工频开关管 $S_P$ 和 $S_N$ 分别在正负半周导通，在任意时刻，反激变换器仍作为直流变换器运行。

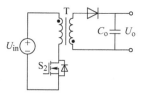

图 10-1　反激变换器电路结构

为了与太阳能板寿命相匹配，微型逆变器要求设计寿命为 25 年以上。然而，目前微型逆变器通常采用容值大、成本低的电解电容来实现太阳能输入瞬时功率和交流并网输出瞬时功率的平衡。电解电容在微型逆变器中的使用极大降低它的工作寿命。三端口变换器本身带有双向储能端口，即自带"功率解耦属性"。将小容量的功率解耦电容连接于三端口变换器的双向端口，能够自动实现太阳能电池板平直输出功率与交流网侧二次脉动功率的解耦。带有功率解耦端口的三端口微型并网逆变器结构框图如图 10-3 所示。

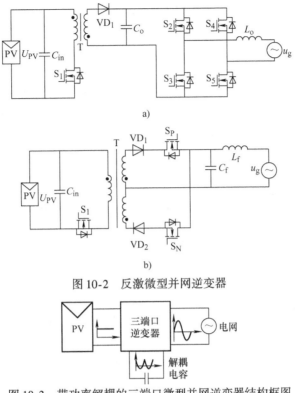

a)

b)

图 10-2　反激微型并网逆变器

图 10-3　带功率解耦的三端口微型并网逆变器结构框图

## 10.2　三端口反激微型逆变器原理分析

为了以反激变换器为基础实现图 10-3 所示系统，首先需要构造出带有双向储能端口的三端口反激微型并网逆变器。如图 10-4 所示，在传统反激电路基础上，通过增加开关 $S_2$ 和一组一次侧绕组，即可构成第三个双向端口以实现功率解耦。所构成的功率解耦端口的电容 $C_D$ 同时用作能量存储元件以及变压器漏感能量吸收缓冲电路。二极管 $VD_1$ 为主开关管 $S_1$ 的箝位二极管，二极管 $VD_2$ 用于阻断解耦电容 $C_D$ 到太阳能电池的反向电流。二极管 $VD_3$ 与 $T_1$，$VD_1$，$C_D$ 构成了漏感能量的释放回路。变换器两组二次侧绕组用于产生正负交替的工频半周，实现并网。$VD_4$ 和 $S_3$（$VD_5$ 和 $S_4$）串联用于实现：①在不工作的半周期内，通过 $S_3$ 或 $S_4$ 阻断功率传输；②控制平均电流波形为正弦以满足并网要求。

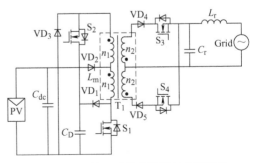

图 10-4　三端口反激变换器的电路拓扑

201

三端口反激变换器的主要工作波形如图 10-5 所示，图中，$P_{ac}$ 为交流侧输出功率，$P_{PV}$ 为太阳能电池输入功率，$u_{ac}$ 和 $i_{ac}$ 分别为输出电压和输出电流，$i_{L1}$ 为变压器励磁电流，$i_{L2}$ 为变压器二次电流，$S_1 \sim S_4$ 为驱动信号。根据 $P_{PV}$ 和 $P_{ac}$ 的大小关系，变换器的工作模态可以分为两种，分别定义为模式 I 和模式 II。在模式 I 期间，$P_{PV}$ 大于 $P_{ac}$，剩余的能量通过 $VD_1$、$VD_3$ 和变压器 $T_1$ 对功率解耦电容 $C_D$ 进行充电。在模式 II 期间，解耦电容 $C_D$ 将向电网输出功率，从而确保太阳能电池功率以最大功率恒定输出。由于变压器电流工作在断续状态，主开关 $S_1$ 为零电流开通，避免了二极管 $VD_4$ 和 $VD_5$ 反向恢复引起的损耗，提高了整机效率。

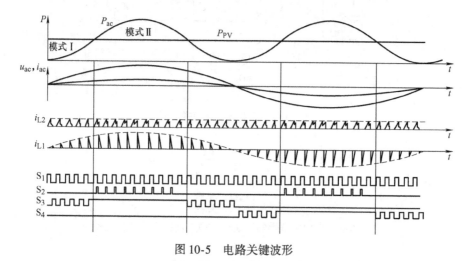

图 10-5　电路关键波形

模式 I 和模式 II 下变压器励磁电流 $i_L$，二次电流 $i_2$ 和驱动信号波形如图 10-6 所示。根据变压器一、二次电流波形，在每种开关模态中一个开关周期内该电路可分为四个工作阶段。

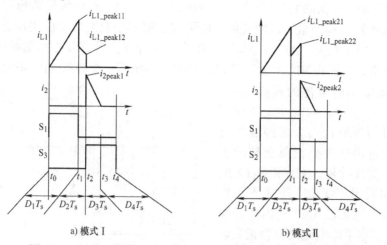

a) 模式 I　　　　　　　　　　　b) 模式 II

图 10-6　两种工作模式下变压器一、二次电流和开关管驱动波形

### 10.2.1　工作模式 I $(P_{\mathrm{PV}} > P_{\mathrm{ac}})$

阶段 $1[t_0 - t_1]$：如图 10-7a 所示，开关管 $S_1$ 开通，变压器励磁电流由零线性上升到 $i_{\mathrm{L1\text{-}peak11}}$，$i_{\mathrm{L1\text{-}peak11}}$ 计算表达式为

$$i_{\mathrm{L1\text{-}peak11}} = \frac{U_{\mathrm{dc}}}{L_{\mathrm{m1}}} D_1 T_{\mathrm{S}} \tag{10-1}$$

式中，$L_{\mathrm{m1}}$ 和 $U_{\mathrm{dc}}$ 分别为变压器二次侧 $w_1$ 绕组的励磁电感和输入直流电压。

阶段 $2[t_1 - t_2]$：如图 10-7b 所示，开关管 $S_1$ 关断，二次侧开关管 $S_3$ 或 $S_4$ 保持关断状态。此时储存在励磁电感中的能量通过 $\mathrm{VD_1}$ 和 $\mathrm{VD_3}$ 对解耦电容 $C_\mathrm{D}$ 充电。在一个开关周期内，近似认为解耦电容电压 $U_{\mathrm{cd}}$ 保持恒定，求得励磁电流表达式为

$$i_{\mathrm{L1}}(t) = \frac{-U_{\mathrm{cd}}}{4L_{\mathrm{m1}}}(t - t_1) + \frac{i_{\mathrm{L1\text{-}peak11}}}{2} \tag{10-2}$$

此时励磁电流线性下降，在该阶段结束时，励磁电流 $i_{\mathrm{L1}}$ 减小到 $i_{\mathrm{L1\text{-}peak12}}$，此刻励磁电感中储存的能量应该刚好等于所需供给电网的能量。当开关 $S_3$ 开通时，励磁电感能量通过变压器二次侧释放到电网。假设逆变器的功率因数为 1，依据能量平衡，可以计算得到 $i_{\mathrm{L1\text{-}peak12}}$ 表达式为

$$\frac{1}{2}(4L_{\mathrm{m1}})i_{\mathrm{L1\text{-}peak12}}^2 = T_{\mathrm{s}} UI \sin^2 \omega T_0 = 2T_{\mathrm{s}} P_{\mathrm{PV}} \sin^2 \omega T_0 \tag{10-3}$$

式中，$U$ 和 $I$ 分别为电网电压幅值和并网电流幅值，$\omega$ 为电网电压角频率，$T_0$ 为时间。依据式(10-3) 可计算 $i_{\mathrm{L1\text{-}peak12}}$ 其表达式为

$$i_{\mathrm{L1\text{-}peak12}} = \sqrt{\frac{P_{\mathrm{PV}} T_{\mathrm{s}}}{L_{\mathrm{m1}}}} \, |\sin \omega T_0| \tag{10-4}$$

另外，为了保证太阳能板输入功率 $P_{\mathrm{PV}}$ 恒定，峰值电流 $i_{\mathrm{L1\text{-}peak11}}$ 必须满足

$$i_{\mathrm{L1\text{-}peak11}} = \sqrt{\frac{2P_{\mathrm{PV}} T_{\mathrm{s}}}{L_{\mathrm{m1}}}} \tag{10-5}$$

因此可以根据式(10-4) 和式(10-5) 计算 $i_{\mathrm{L1\text{-}peak11}}$ 和 $i_{\mathrm{L1\text{-}peak12}}$，阶段 1 和阶段 2 相应的工作时间为

$$\begin{cases} D_1 T_{\mathrm{S}} = L_{\mathrm{m1}} \dfrac{i_{\mathrm{L1\text{-}peak11}}}{U_{\mathrm{dc}}} \\[3mm] D_2 T_{\mathrm{S}} = 4L_{\mathrm{m1}} \dfrac{i_{\mathrm{L1\text{-}peak11}}/2 - i_{\mathrm{L1\text{-}peak12}}}{U_{\mathrm{C}}} \end{cases} \tag{10-6}$$

阶段 $3[t_2 - t_3]$：如图 10-7c 所示，二次电流 $i_2$ 通过对应的开关管（$S_3$ 或 $S_4$）释放能量。在一个开关周期内，假设电网电压恒定，可二次电流 $i_2$ 表达式为

$$i_2(t) = \frac{i_{\mathrm{L1\text{-}peak12}}}{\dfrac{n_2}{2n_1}} - \left| \frac{u_{\mathrm{ac}}}{L_{\mathrm{m2}}} \right|(t - t_3) \tag{10-7}$$

式中，$L_{m2}$ 为二次侧励磁电感，$n_1$ 和 $n_2$ 为一、二次匝数。在 $t_3$ 时刻，电流下降为零，该阶段工作时间 $D_3 T_S$ 为

$$D_3 T_S = \frac{L_{m2} \dfrac{2 n_1 i_{L1\text{-peak12}}}{n_2}}{|u_{ac}|} \tag{10-8}$$

代入式（10-4）和 $u_{ac} = U_o \sin\omega t$，可得阶段 3 的工作时间 $D_3 T_S$ 为

$$D_3 T_S = \frac{L_{m2}}{U_o} \sqrt{\frac{4 P_{PV} T_s}{L_{m1}}} \tag{10-9}$$

从式（10-9）可以看出：$D_3 T_S$ 只取决于太阳能电池输入功率。对于确定的输入功率，占空比 $D_3$ 是恒定的。

阶段 4 $[t_3 - t_4]$：如图 10-7d 所示，当电流 $i_2$ 减小到零时，进入阶段 4。此时所有开关管均关断，电容 $C_r$ 和电感 $L_r$ 继续向电网传递能量，反激变压器完全磁复位，该阶段的工作时间为

$$D_4 T_S = (1 - D_1 - D_2 - D_3) T_S \tag{10-10}$$

## 10.2.2　工作模式 II（$P_{PV} < P_{ac}$）

当太阳能板输入功率不足以提供交流侧输出瞬时功率时，功率解耦电容释放能量，电路进入 Mode II。类似于 Mode I，一个开关周期内，也可分为四个工作阶段。在 Mode II 期间，对应的二次侧开关管（$S_3$ 或 $S_4$）一直开通（$S_3$ 或 $S_4$ 开通取决于电网电压的极性）。由于该模态下工作阶段类似于 Mode I，图 10-8 仅给出与 Mode I 不同的阶段 2。

阶段 1 $[t_0 - t_1]$：如图 10-7a 所示，其工作阶段与 Mode I 的相应阶段一样。

阶段 2 $[t_1 - t_2]$：当励磁电流达到 $i_{L1\text{-peak21}}$ 时进入阶段 2。如图 10-8 所示，开关管 $S_2$ 开通，一次侧二极管均反向截止。由于此时变压器一次侧两绕组耦合，励磁电流将为原来的一半。解耦电容 $C_D$ 释放能量，继续对一次绕组电感充电，此时励磁电感值变为 $4L_m$，当励磁电流线性上升到 $i_{L1\text{-peak22}}$，电感中所储存的能量应该等于交流侧在该开关周期内所需的能量，由此得到 $i_{L1\text{-peak22}}$ 表达式为

$$i_{L1\text{-peak22}} = 2 \sqrt{\frac{P_{PV} T_S}{L_{m1}}} \sin\omega t \tag{10-11}$$

则 $S_2$ 开通时间为

$$D_2 T_S = \frac{4 L_{m1} (i_{L1\text{-peak22}} - i_{L1\text{-peak21}}/2)}{U_{cd}} \tag{10-12}$$

阶段 3 $[t_2 - t_3]$：如图 10-7c 所示，当 $S_1$ 和 $S_2$ 在 $t_2$ 时刻均关断时，电流 $i_2$ 通过二次绕组释放能量。不考虑一个开关周期内电容 $C_r$ 上的电压纹波，近似认为其电压等于电网电压 $u_{ac}$，得到 $i_2$ 表达式为

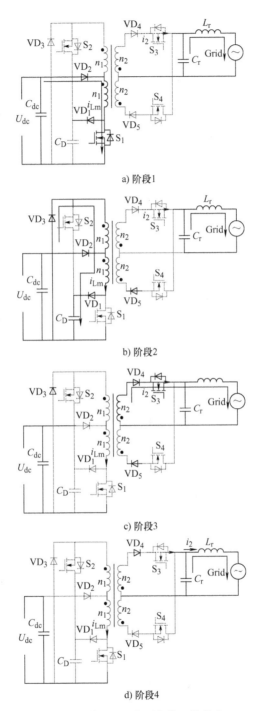

a) 阶段1

b) 阶段2

c) 阶段3

d) 阶段4

图 10-7　在 Mode Ⅰ下电路工作状态

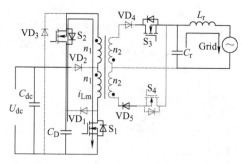

图 10-8　Mode Ⅱ 中的工作阶段 2

$$i_2(t) = \frac{2n_1 i_{\text{L1-peak12}}}{n_2} - \left| \frac{u_{\text{ac}}}{L_{\text{m2}}} \right| (t - t_2) \qquad (10\text{-}13)$$

该阶段的工作时间同样也可由式(10-9)确定。

阶段 4$[t_3 - t_4]$：该阶段与 Mode Ⅰ 的阶段 4 完全一样。

# 10.3　电路设计考虑

## 10.3.1　器件应力

根据工作原理的分析，可知解耦电容 $C_D$ 的电压以两倍电网频率波动，假设峰值电压为 $U_{\text{peak\_cd}}$。因此 $S_1$、$S_2$、$VD_1$ 和 $VD_3$ 上的电压应力均为 $U_{\text{peak\_cd}}$。在 Mode Ⅱ 下，当 $S_2$ 开通时，$VD_2$ 反偏截止，因此阻断电压为

$$U_{\text{VD}_2\_\text{reverse}} = \frac{1}{2} U_{\text{peak\_cd}} - U_{\text{cd}} \qquad (10\text{-}14)$$

假设交流输出电压为最大值 $U_{\text{ac\_peak}}$，且 $S_2$ 开通时，$VD_4$ 或 $VD_5$ 的电压应力最大

$$U_{\text{VD}_4\_\text{reverse}} = \frac{n_2 U_{\text{peak\_cd}}}{2n_1} + U_{\text{ac\_peak}} \qquad (10\text{-}15)$$

开关管 $S_3$ 和 $S_4$ 交替工作在电网电压的正负半周。当变换器工作在模态 3 时（$S_3$ 开通，$S_4$ 关断），变压器二次侧 $n_2$ 钳位在电网电压 $u_{\text{ac}}$，$S_4$ 对应的二次绕组感应电压同样为 $u_{\text{ac}}$，因此 $S_4$ 上承受两倍电网电压，最大电压应力为

$$U_{\text{S}_4} = 2U_{\text{ac\_peak}} \qquad (10\text{-}16)$$

## 10.3.2　解耦电容选择

半个电网周期内，解耦电容存储或释放的能量可通过对 Mode Ⅰ 或 Mode Ⅱ 的功率积分得到

$$E_{\text{CD}} = 2\left\{ \int_0^{\frac{1}{8f_{\text{grid}}}} \left[ P_{\text{PV}} - P_{\text{ac}}(t) \right] \mathrm{d}t \right\} = \frac{1}{2} C_{\text{D}} \left( U_{\text{cd\_max}}^2 - U_{\text{cd\_min}}^2 \right) \qquad (10\text{-}17)$$

式中，$f_{grid}$ 为电网频率，交流瞬时输出功率 $P_{ac}$ 以两倍电网频率波动

$$P_{ac}(t) = u_{ac}i_{ac} = \frac{1}{2}U_oI_o(1 - \cos2\omega t) \tag{10-18}$$

式中，$u_{ac} = U_o\sin\omega t$，$i_{ac} = I_o\sin\omega t$。

由式(10-17)和式(10-18)得到所需解耦电容量

$$C_D = \frac{P_{PV}}{\omega U_{cd\_avg}\Delta U_{cd}} \tag{10-19}$$

式中，$U_{cd\_avg}$ 为 $C_D$ 的平均直流电压；$\Delta U_{cd}$ 为 $C_D$ 上的纹波电压。

由式(10-19)可知，解耦电容大小与平均直流电压 $U_{cd\_avg}$ 和纹波电压 $\Delta U_{cd}$ 成反比。由于其他参数（$P_{PV}$ 和 $\omega$）是固定的，只能通过增加 $U_{cd\_avg}$ 和 $\Delta U_{cd}$ 减小所需电容量。根据电压应力分析，在解耦电容量和器件应力之间需要权衡设计。同时解耦电容的最低电压必须大于 $S_1$ 的电压应力如式(10-20)，否则变压器一次侧储存的能量会注入解耦电容。

$$U_{s1-stress} = U_{dc} + \frac{n_1}{n_2}U_o|\sin(\omega_o t)| \tag{10-20}$$

图 10-9 给出了 100W 光伏系统，在取不同解耦电容平均电压下，所需最小解耦电容量随电压纹波变化曲线。从图中可以看出，解耦电容上平均电压为 200V，在相同电容纹波电压的情况下，所取电容值最小。解耦电容容值随电容纹波增大而减少。

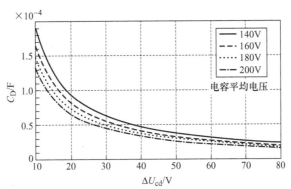

图 10-9 不同电压下最小解耦电容量随电压纹波变化曲线

### 10.3.3 励磁电感选择

为了保证电路工作在断续模式，必须设计励磁电感小于某特定值。结合式(10-6)和式(10-9)，以及一、二次励磁电感关系，电感 $L_{m1}$ 需满足

$$L_{m1} < \frac{\sqrt{\dfrac{T_s}{P_{PV}}}}{\left(\dfrac{\sqrt{2}}{U_{dc}} + \dfrac{\sqrt{2} - |\sin(\omega t)|}{U_{cd}} + \dfrac{2n_2^2}{U_o n_1^2}\right)} \tag{10-21}$$

207

### 10.3.4 控制策略

图 10-10 给出了该微型逆变器的控制框图。由式(10-6)，式(10-12) 和式(10-14) 可知，根据光伏电压 $U_{dc}$，解耦电容电压 $U_{cd}$，电流 $i_{L1\text{-}peak11}$ 和 $i_{L1\text{-}peak12}$，分别可以计算得到占空比 $D_1$ 和 $D_2$。其中，$U_{dc}$ 和 $U_{cd}$ 可由电压采样得到，$i_{L1\text{-}peak11}$ 由太阳能板输入功率进行最大功率点跟踪得到，交流电流参考 $i_{L1\text{-}peak12}$ 可以通过功率平衡关系得到

$$i_{L1\text{-}peak12} = \frac{\sqrt{2}}{2} |\sin(\omega t)| i_{L1\text{-}peak11} \qquad (10\text{-}22)$$

为了保证三个端口间的功率平衡，增加了直流电压平衡控制环节。

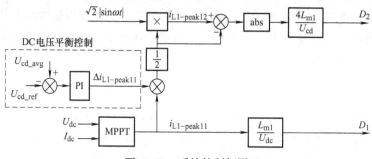

图 10-10　系统控制框图

### 10.3.5 PWM 策略

图 10-11 给出了 PWM 的调制策略。根据电网电压的极性，选择 $S_3$ 和 $S_4$ 的开关。当电网电压为正时，$S_4$ 关断，Mode Ⅰ 期间 $S_3$ 驱动信号由图 10-11a 给出，Mode Ⅱ 期间 $S_3$ 一直开通。当电网电压为负时，$S_3$ 关断，$S_4$ 工作。

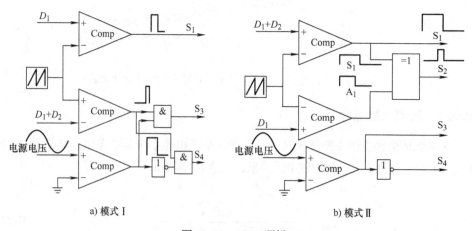

a) 模式 Ⅰ　　　　　　　　　　　　b) 模式 Ⅱ

图 10-11　PWM 逻辑

## 10.4　实验结果与分析

通过 PSIM 软件对提出的拓扑和控制策略进行仿真验证。表 10-1 给出了电路的关键参数。

表 10-1　关键电路参数

| 电 路 参 数 | 参 数 值 |
|---|---|
| 输入电压 | 60V |
| 电网额定电压 | 110V（直流） |
| 额定变换功率 | 100W |
| 开关频率 | 50kHz |
| 解耦电容 $C_D$ | 46μF |
| 并网电感 $L_r$ | 3mH |
| 输出滤波电容 $C_r$ | 1μF |
| 变压器电压比 | 1:1:2.5:2.5 |
| 激磁电感 $L_m$ | 20μH |

从图 10-12 可以看出，太阳能电池输出的峰值电流是恒定的，意味着输入功率是恒定的，变压器二次电路 $i_2$ 的包络线是正弦的，其通过 $LC$ 滤波后的并网电流是正弦的且功率因数为 1，解耦电容上电压纹波为两倍电网频率，并稳定在 150V。

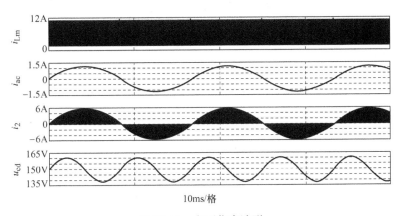

图 10-12　主要仿真波形

图 10-13 给出了 Mode Ⅰ 和 Mode Ⅱ 下，变压器一、二次电流波形。Mode Ⅰ，当 $S_1$ 开通时，一次电流线性增加。当电流达到峰值 $i_{L1\text{-peak11}}$ 时，$S_1$ 关断。由于与一次侧另绕组耦合工作，一次电流变为一半，并通过 $VD_1$ 和 $VD_3$ 向解耦电容释放能量，电流线性下降。当一次电流线性 $i_{Lm}$ 下降到参考交流电流 $i_{ac\_ref}$ 时，$S_3$ 或 $S_4$ 开通，一次侧能量向二次侧传递。相比 Mode Ⅰ，Mode Ⅱ 的区别在于阶段 2 期间，$S_2$ 开通，继续给一次侧励磁电感充电，电流继续上升。

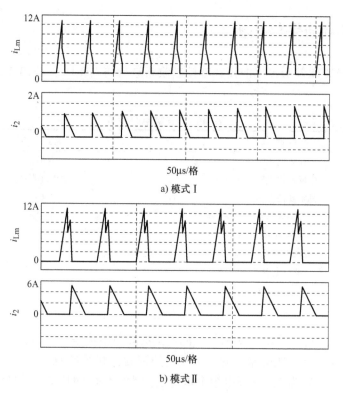

50μs/格

a) 模式 I

50μs/格

b) 模式 II

图 10-13    两种工作模式下电流波形

搭建了 100W，输出 110V 的样机，输入电压为 60V。样机的功率电路参数见表 10-2 所示：

表 10-2    关键电路参数

| 主电路参数 | 器件型号 |
| --- | --- |
| $S_1$、$S_2$ | STB50N25M5 |
| $VD_1$ | STPS20170CFP |
| $VD_2$ | STTH3R06S |
| $VD_3$ | CSD0460 |
| $VD_4$、$VD_5$ | STTH3R06S |
| $S_3$、$S_4$ | STF25NM50N |

图 10-14 给出了两种模态下的驱动波形和变压器一、二次电流波形。Mode I 期间，当 $S_1$ 关断时，励磁电感储存的能量释放到解耦电容中，励磁电流减小，直到 $S_3$ 开通，此时励磁电感向二次侧释放能量。Mode II 期间，$S_2$ 开通，进一步对励磁电感充电，当 $S_1$ 和 $S_2$ 关断时，励磁电感向二次侧释放能量。图 10-15 给出了解耦电容电压纹波，输出交流电压和电流，以及太阳能板输出电流。随着电容的充放电，电压纹波为两倍的电网频率。实验结果中电容纹波电压为 41V，与计算得到纹

波电压 42V 基本相吻合。解耦电容的直流电压平均值稳定在 150V，太阳能输出电流保持恒定，说明其输出功率在稳态时基本不变。图 10-16 给出了变压器二次电流，其峰值包络线为正弦，经过输出电容滤波后，并网电流呈正弦，THD 小于1.7%。图 10-17 为实测效率曲线，最大转换效率达到91.3%。

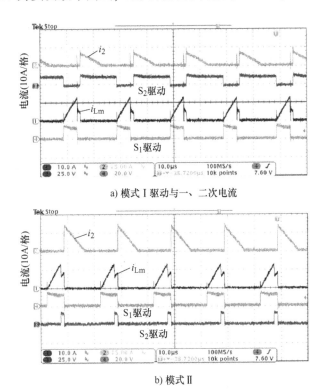

a) 模式 I 驱动与一、二次电流

b) 模式 II

图 10-14　驱动与一、二次电流波形

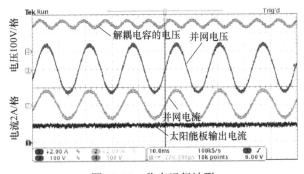

图 10-15　稳态运行波形

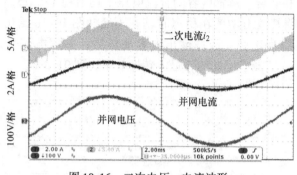

图 10-16  二次电压、电流波形

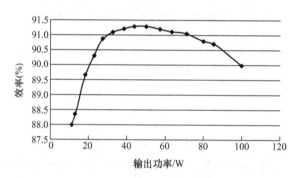

图 10-17  实测的变换效率曲线

## 10.5  本章小结

本章将三端口变换器应用于光伏微型并网逆变器，研究了一种基于三端口反激电路的功率解耦型微型光伏并网逆变器解决方案。利用三端口反激变换器实现了有源功率解耦，可以采用容量较小的薄膜电容取代电解电容，使得逆变器寿命与太阳能板相匹配。解耦电容不仅实现功率解耦，同时还可以作为缓冲电路用于吸收变压器漏感能量，改善功率电路的性能。

# 参 考 文 献

［1］李国欣. 航天器电源系统技术概论［M］. 北京：中国宇航出版社，2008.

［2］BRAUN M, BUDENBENDER K, MAGNOR D, et al. Photovoltaci self-consumption in germany using lithium-ion storage to increase self-consumed photovoltaic energy［C］. The 24th European Photovoltaic Solar Energy Conference, 2009：3121-3127.

［3］GIETL E B, GHOLDSTON E W, COHEN F, et al. The architecture of the electric power system of the international space station and its application as a platform for power technology development［C］. The 35th Intersociety Energy Conversion Engineering Conference and Exhibit, 2000：855-864.

［4］GARRIGOS A, CARRASCO J A, BLANES J M, et al. A power conditioning unit for high power GEO satellites based on the sequential switching shunt series regulator［C］. IEEE Electrotechnical Conference, 2006：1186-1189.

［5］廖志凌. 太阳能独立光伏发电系统关键技术研究［D］. 南京：南京航空航天大学，2008.

［6］TAO H, KOTSOPOULOS A, DUARTE J L, et al. Family of multiport bidirectional DC-DC converters［C］. IEE Proceedings of Electric Power Applications, 2006, 153（3）：451-458.

［7］KWASINSKI A. Quantitative evaluation of DC microgrids availability：effects of system architecture and converter topology design choices［C］. IEEE Trans. on Power Electronics, 2011, 26（3）：835-851.

［8］TAO H, DUARTE J L, HENDRIX M A M. Multiport converters for hybrid power sources［C］. IEEE PESC, 2008, 2008：3412-3418.

［9］刘福鑫，阮洁，阮新波. 一种多端口直流变换器的系统生成方法——采用单极性脉冲电源单元［J］. 中国电机工程学报，2012, 32（6）：72-80.

［10］AL-ATRASH H, REESE J, BATARSEH I. Tri-modal half-bridge converter for three-port interface［C］. IEEE PESC'2007, 2007：1702-1708.

［11］AL-ATRASH H, TIAN T, BATARSEH I. Tri-modal half-bridge converter topology for three-port interface［J］. IEEE Trans. on Power Electronics, 2007, 22（1）：341-345.

［12］QIAN Z, ABDEL-RAHMAN O, REESE J, et al. Dynamic analysis of three-port DC/DC converter for space applications［C］. IEEE APEC'2009, 2009：28-34.

［13］AL-ATRASH H, BATARSEH I. Boost-integrated phase-shift full-bridge converter for three-port interface［C］. IEEE PESC'2007, 2007：2313-2321.

［14］LI W, XIAO J, ZHAO Y, et al. PWM plus phase angle shift（PPAS）control scheme for combined multiport DC/DC converters［J］. IEEE Transactions on Power Electronics, 2012, 27（3）：1479-1489.

［15］PENG F Z, SHEN M. Application of Z-source inverter for traction drive of fuel cell-battery hubyrid electric vehicles［J］. IEEE Trans. on Power Electronics, 2007, 22（3）：1054-1061.

［16］PENG F Z. Z-Source inverter［J］. IEEE Trans. on Industry Applications, 2003, 39（2）：504-510.

[17] AMODEO S J, CHIACCHIARINI H G, OLIVA A, et al. Enhanced-performance control of a DC-DC Z-Source converter [C]. IEEE IEMDC, 2009: 363-368.

[18] CHA H, PENG F Z, YOO D. Z-Source resonant DC-DC converter for wide input voltage and load variation [C]. International Power Electronics Conference, 2010: 995-1000.

[19] QIAN Z, ABDEL-RAHMAN O, AL-ATRASH H, et al. Modeling and control of three-port DC/DC converter interface for satellite applications [J]. IEEE Trans. on Power Electronics, 2010, 25 (3): 637-649.

[20] 张君君, 吴红飞, 曹锋, 等. 半桥式三端口变换器建模与解耦控制 [J]. 中国电机工程学报, 2015, 35 (3): 671-678.

[21] 张军明. 中功率 DC/DC 变流器模块标准化若干关键问题研究 [D]. 杭州, 浙江大学, 2004.

[22] RAJAGOPALAN J, XING K, GUO Y, et al. Modeling and dynamic analysis of paralleled DC/DC converters with master-slave current sharing control [C]. IEEE APEC. 1996: 678-684.

[23] 张军明, 谢小高, 吴新科, 等. DC-DC 模块有源均流技术研究 [J]. 中国电机工程学报, 2005, 25 (19): 31-36.

[24] THOTTUVELIL V J, VERGHESE G C. Analysis and control design of paralleled DC/DC converters with current sharing [J]. IEEE Trans. on Power Electronics, 1998, 13 (4): 635-644.

[25] 邢岩, 蔡宣三. 高频功率开关变换技术 [M]. 北京: 机械工业出版社, 2005.

[26] BRATCU A I, MUNTEANU I, BACHA S, et al. Cascaded DC-DC converter photovoltaic systems: Power optimization issues [J]. IEEE Transactions on Industrial Electronics, 2011, 58 (2): 403-411.

[27] KADRI R, GAUBERT J P, CHAMPENOIS G. Nondissipative string current diverter for solving the cascaded DC-DC converter connection problem in photovoltaic power generation system [J]. IEEE Transactions on Power Electronics, 2012, 27 (3): 1249-1258.

[28] ECHEVERRIA J, KOURO S, PEREZ M. Multi-modular cascaded DC-DC converter for HVDC grid connection of large-scale photovoltaic power systems [C]. IEEE Annual Conference of the IEEE Industrial Electronics Society, 2013: 6999-7005.

[29] 阮新波, 等. 多变换器模块串并联组合系统 [M]. 北京: 科学出版社, 2016.

[30] KULASEKARAN S, AYYANAR R. Analysis, design, and experimental results of the semidual-active-bridge converter [J]. IEEE Transactions on Power Electronics, 2014, 29 (10): 5136-5147.

[31] 胡寿松. 自动控制原理 [M]. 4 版. 北京: 科学出版社, 2002.

[32] 古俊银, 吴红飞, 陈国呈, 等. 软开关交错反激光伏并网逆变器 [J]. 中国电机工程学报, 2011, 31 (36): 40-45.

[33] SHIMIZU T, WADA K, NAKAMURA N. Flyback-type single-phase utility interactive inverter with power pulsation decoupling on the dc input for an ac photovoltaic module system [J]. IEEE Transactions on Power Electronics, 2006, 21 (5): 1264-1272.